大学数学系列丛书

高等数学

（文科类）

（修订本）

主　编　廖　飞

副主编　刁　瑞　刘海明

主　审　赵宝江

清华大学出版社

北京交通大学出版社

·北京·

内 容 简 介

本书由从事文科高等数学教学的一线教师执笔编写，深入浅出地讲解了文科高等数学的基本知识，包括函数与极限、导数与微分、积分学、线性代数初步、概率论初步等内容。每章均配备了适量的例题和一定数量的习题，书末附有习题答案与提示，供教师和学生参考。

本书注重数学思想的介绍和基本的逻辑思维训练，从不同的侧面比较自然地引入数学的基本概念，适量给出了一些相关的证明过程及求解过程。由于文科高等数学的学时限制，在教材内容的选取与组织上，对微积分、线性代数及概率论课程的知识进行了必要的精减。本书结构严谨、逻辑清晰、通俗易懂、例证适当、难度适宜，适合作为普通高等院校文科类本专科学生系统学习高等数学基本思想和方法的教材，也可作为自学考试高等数学课程的教学参考书使用。

图书在版编目（CIP）数据

高等数学：文科类/廖飞主编．—北京：清华大学出版社；北京交通大学出版社，2010.8（2022.8重印）
（大学数学系列丛书）
ISBN 978-7-5121-0241-5

Ⅰ.①高…　Ⅱ.①廖…　Ⅲ.①高等数学-高等学校-教材　Ⅳ.①O13

中国版本图书馆CIP数据核字（2010）第161642号

责任编辑：黎　丹
出版发行：清华大学出版社　邮编：100084　电话：010-62776969
　　　　　北京交通大学出版社　邮编：100044　电话：010-51686414
印 刷 者：北京鑫海金澳胶印有限公司
经　　销：全国新华书店
开　　本：185×230　印张：14　字数：314千字
版　　次：2010年8月第1版　2020年8月第1次修订　2022年8月第7次印刷
书　　号：ISBN 978-7-5121-0241-5/O·79
印　　数：10 801～11 800册　定价：39.00元

本书如有质量问题，请向北京交通大学出版社质监组反映。对您的意见和批评，我们表示欢迎和感谢。
投诉电话：010-51686043，51686008；传真：010-62225406；E-mail：press@bjtu.edu.cn。

前　　言

在长期的高等数学教学中，我们一直关注文科高等数学的课程建设和教材建设。经过多年的教学实践，我们认为文科的高等数学不同于理、工科的高等数学，其目的主要在于引导文科学生掌握一种现代科学的语言，学习一种理性思维的方式，提高大学生的数学修养和综合素质。基于这种认识，我们组织多年从事一线教学的骨干教师编写了这本教材。

在本教材的编写过程中，我们在保留传统高等数学教材结构严谨、逻辑清晰等风格的同时，积极吸收近年来高校教材改革的成功经验，努力做到例证适当、通俗易懂。本教材内容包括函数与极限、导数与微分、积分学、线性代数初步、概率论初步等，每章均配备了适量的习题。

数学不仅是一种重要的工具，也是一种基本的思维方式。我们在编写过程中努力兼顾了这两个方面，即在介绍数学知识的同时，强调培养学生的数学思维方式。教材中不仅渗透了一些数学的思想方法，介绍了某些在人文社会科学中十分重要的数学模型，而且融会了数学发展史、数学方法论及数学在现代社会中的应用，力图使学生对数学的基本特点、方法、思想、历史及其在社会与文化中的应用和地位有大致的认识，获得合理的、适应未来发展需要的知识结构，进而增强对科学的文化内涵与社会价值的理解，为他们将来对数学的进一步了解与实际应用提供背景的材料与基本能力，以实现为现代化社会培养具有新型知识结构与文化观念的人才的目标。

本教材特色如下。

1. 选材合理，难易程度适当，能够满足文科多种专业基础数学课的不同需要，而又不显得庞杂和艰深。

2. 能以文科学生易于理解和接受的方式，确切地描述数学定义、概念，讲解理论和方法，而又不失数学的严谨性与系统性。

3. 内容安排层次分明、条理性强，讲解通俗易懂、深入浅出，不仅利于课堂教学，也便于学生自学。

4. 例题、习题的选配照顾到了理论、方法的练习和实际应用的练习，从整体上看数学的训练是充分的。

参加本教材编写工作的有：廖飞（第 1、2、3 章）、刘海明（第 4 章）、刁瑞（第 5 章）等，全书由廖飞统稿。

赵宝江教授审阅了本书，提出了许多宝贵意见和建议，谨此表示衷心的感谢!

本教材的编写还得到韩明莲、王岚等同志的支持和帮助，在此一并表示衷心的感谢！

本教材的出版得到了清华大学出版社和北京交通大学出版社的大力支持，尤其是黎丹责任编辑为本教材的出版做了大量的工作，在此表示衷心感谢。

本书配有教学课件和相关的教学资源，有需要的读者可以从出版社网站 http://press.bjtu.edu.cn 下载或与 cbsld@jg.bjtu.edu.cn 联系。

由于编者水平有限，加上时间仓促，书中的疏漏、错误和不足之处在所难免，恳请各位专家、同行和广大读者批评指正。

编　者

2010 年 7 月

目　　录

数学中的转折点是笛卡儿的变数，有了变数，运动进入了数学；有了变数，辩证法进入了数学；有了变数，微分和积分也就立刻成为必要了．

——恩格斯

一尺之棰，日取其半，万世不竭．

——《庄子·天下篇》

割之弥细，所失弥少；割之又割，以至于不可割，则与圆合体而无所失矣．

——刘徽

数学分析是关于函数的科学．

——欧拉

第 1 章　函数与极限

客观世界处在永恒的运动、发展和变化中，对各种变化过程和变化过程中的量与量的依赖关系的研究，产生了函数与函数极限的概念．函数概念就是对运动过程中量与量的依赖关系的抽象描述，是刻画运动变化中变量之间相依关系的数学模型．极限是研究函数的主要工具，是微积分学的理论基础，是刻画变化过程中变量的变化趋势的数学模型．

本章将介绍函数与极限的基本概念、性质和运算，并利用极限描述函数的连续性．连续函数是最常见的一类函数，它具有一系列很好的性质和基本运算．微分理论将以连续函数为主要研究对象．

1.1　函　　数

1.1.1　函数的概念

历史上，“函数”一词是由著名的德国数学家、微积分创始人之一的莱布尼茨在1692 年的著作中首先引入的．他是针对某种类型的数学公式来使用这一术语的，尽管当时他已经考虑到变量 x 及和 x 同时变化的变量 y 之间的依赖关系，但还是没有能够给出一个明确的函数定义．其后，经瑞士数学家欧拉、德国数学家黎曼等人不断修正、扩充才逐步形成一个较为完整的函数概念．

1. 函数的概念

在生产实践和科学研究中，会碰到各种各样的量，其中有的量在整个过程中保持不变，如重力加速度 g 在物体下落过程中，总是取同一数值的量，这种量称为**常量**；还有的一些量在过程中是变化的，如在物体自由下落的过程中，时间 t 和路程 s 都是不断变化的且可以取不同数值的量，这种量称为**变量**．

同一现象中，往往有几个变量在变化着，它们的变化不是孤立的，而是互相联系并且遵循一定的变化规律．这种变量之间的依赖关系就是函数关系．现在先看几个例子，然后给出函数的定义．

【例 1－1】　考虑圆的面积 S 与它的半径 r 之间的依赖关系．众所周知，它们之间的关系由公式

$$S=\pi r^2$$

给出，当半径 r 在区间 $(0,+\infty)$ 内任意取定一个数值时，由上式就可以确定圆面积 S 的相应数值．

【例 1-2】 考察自由落体运动．设物体下落的时间为 t，落下的距离为 s. 假定开始下落的时刻为 $t=0$，那么在物体运动的过程中，s 与 t 之间的依赖关系由公式

$$s=\frac{1}{2}gt^2$$

给出，其中 g 是重力加速度．若物体着地的时刻为 $t=T$，则当时间 t 在闭区间 $[0,T]$ 上任意取定一个数值时，由上式就可以确定下落距离 s 的相应数值．

我们抛开每一个例子所包含的具体意义及表达变量之间关系的不同形式，抓住它们的共同本质，就可以概括出函数概念．

定义 1-1 如果在某个变化过程中有两个变量 x，y，并且对于 x 在某个变化范围 X 内的每一个确定的值，按照某个对应法则 f，y 都有唯一确定的值和它对应，那么 y 就是 x 的函数，记作 $y=f(x)$，x 叫做自变量，x 的取值范围 X 叫做函数的定义域，和 x 的值对应的 y 的值叫做函数值，函数值的集合 Y 叫做函数的值域．

函数 $y=f(x)$ 的定义域 X 就是 x 的取值范围，因变量 y 是由对应法则 f 唯一确定的，所以定义域和对应法则是函数的两个要素或者说一个函数由定义域和对应法则唯一确定．只要两个函数的定义域和对应法则都相同，那么这两个函数就相同；如果定义域或对应法则有一个不相同，那么这两个函数就不相同．

【例 1-3】 函数 $f(x)=\dfrac{x}{x}$ 与 $g(x)=1$ 不同，因为 $f(x)$ 的定义域为 $(-\infty,0)\cup(0,+\infty)$，而 $g(x)$ 的定义域为 $(-\infty,+\infty)$，所以 $f(x)$ 与 $g(x)$ 是不同的函数．

2. 函数的表示法

常见的函数表示法有三种：解析法、图示法和表格法．

① 解析法．用数学式子表示自变量与因变量之间的对应关系，称为解析法．

显函数，如 $y=2x^2-1$.

分段函数，如 $y=\begin{cases}x, & x\geqslant 0,\\ -x, & x<0.\end{cases}$

隐函数，如 $e^x-xy+1=0$.

② 图示法就是用函数的图形来表示自变量和因变量之间的关系．

③ 表格法就是把自变量与因变量的一些对应值用表格列出，这样函数关系就用表格表示出来．例如，三角函数表和对数表等都是用表格法表示函数的．

1.1.2　函数的几种特性

1. 有界性

设函数 $f(x)$ 在 I 上有定义．若存在正数 M，对于任意给定的 $x \in I$，使得 $|f(x)| \leqslant M$，则称 $f(x)$ 是在 I 上的**有界函数**（如图 1－1 所示），正数 M 称为 $f(x)$ 在 I 上的界，否则就称 $f(x)$ 在 I 上**无界**．

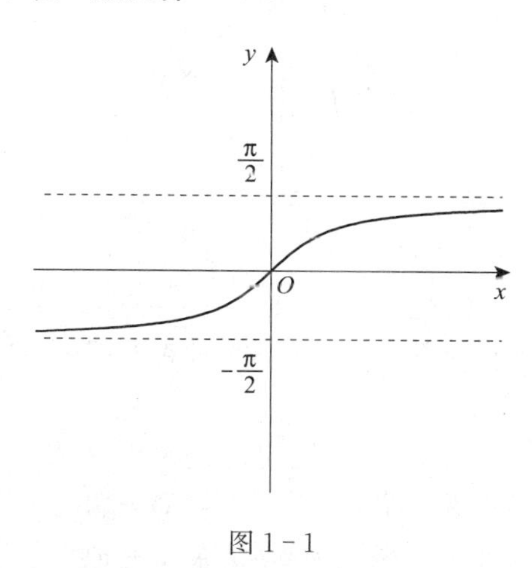

图 1－1

函数的有界性实际上就是它的值域集合的有界性．例如 $\sin x$ 和 $\cos x$ 都是 $(-\infty, +\infty)$ 上的有界函数，因为 $|\sin x| \leqslant 1$，$|\cos x| \leqslant 1$. 不难看出，有界函数的图形总是位于平行于 x 轴的直线 $y=-M$ 与 $y=M$ 之间．而 $y=x^2$ 是 $(-\infty, +\infty)$ 上的无界函数．

2. 单调性

设函数 $f(x)$ 的定义域为 D，区间 $I \subset D$，任意的 x_1，$x_2 \in I$. 若 $x_1 < x_2$，有 $f(x_1) < f(x_2)$，则称 $f(x)$ 在区间 I 上单调增加，其图像随着自变量的增大而上升，此时称区间 I 为函数 $f(x)$ 的**单调增区间**；若 $x_1 < x_2$，有 $f(x_1) > f(x_2)$，则称 $f(x)$ 在区间 I 上单调减少，其图像随着自变量的增大而下降，此时称区间 I 为函数 $f(x)$ 的**单调减区间**．

递增函数和递减函数统称为**单调函数**．同样，可以定义无限区间上的单调函数．

例如，函数 $y=x^2$ 在 $(-\infty, 0)$ 内是递减的，而在 $(0, +\infty)$ 内是递增的．

3. 奇偶性

若函数 $y=f(x)$ 的定义域关于原点对称，且对任意的 x 都有 $f(-x)=-f(x)$（或

$f(-x)=f(x)$)，则称 $y=f(x)$ 为**奇函数**（或**偶函数**）.

奇函数的图像是关于原点对称的；偶函数的图像是关于 y 轴对称的（如图 1－2 所示）.

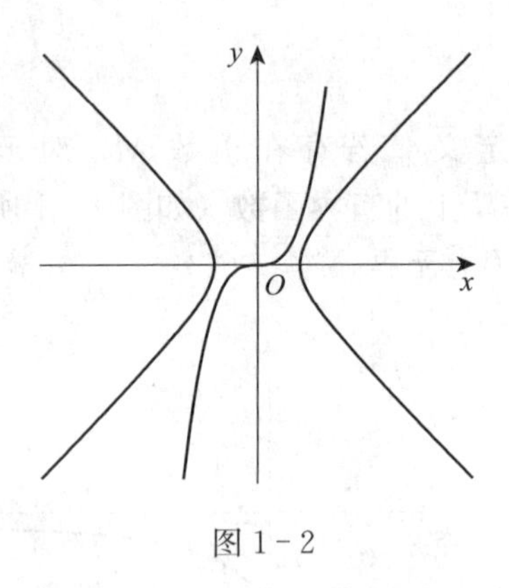

图 1－2

例如，$y=\cos x$ 在定义区间上是偶函数．而 $y=\sin x$ 在定义区间上是奇函数．

若函数既非奇函数也非偶函数，则称函数为非奇非偶函数．

4. 周期性

对于函数 $y=f(x)$，若存在一个非零常数 T，对一切的 x 均有 $f(x+T)=f(x)$ 在 x 的定义域内成立，则称函数 $y=f(x)$ 为**周期函数**．并把 T 称为 $y=f(x)$ 的一个周期．应当指出的是，通常讲的周期函数的周期是指最小的正周期．

对三角函数而言，$y=\sin x$ 和 $y=\cos x$ 都是以 2π 为周期的周期函数，而 $y=\tan x$ 和 $y=\cot x$ 都是以 π 为周期的周期函数．

1.1.3 反函数和复合函数

1. 反函数

函数可以看作是从定义域到值域的一种运算，现在讨论这种运算的逆运算，引出反函数的概念．

定义 1－2 设函数 $y=f(x)$，$x\in X$，$y\in Y$. 如果对于 Y 内的任一 y 值，X 内都有唯一确定的 x 值与之对应，使 $f(x)=y$，那么在 Y 上确定了一个函数，这个函数称为函数 $y=f(x)$ 的反函数，记作 $x=f^{-1}(y)$，$y\in Y$. 相对于反函数而言，原来的函数 $y=f(x)$ 称为直接函数．

通常习惯于用 x 表示自变量，用 y 表示因变量．因此将 $x=f^{-1}(y)$ 改写为 $y=f^{-1}(x)$，此时说 $y=f^{-1}(x)$ 是 $y=f(x)$ 的反函数．

函数 $y=f(x)$ 的定义域 X 和值域 Y 分别是反函数 $y=f^{-1}(x)$ 的值域和定义域．

函数 $y=f(x)$ 与它的反函数 $y=f^{-1}(x)$ 的图像关于直线 $y=x$ 对称（如图 1－3 所示）．这是因为两个函数因变量与自变量互换的缘故．

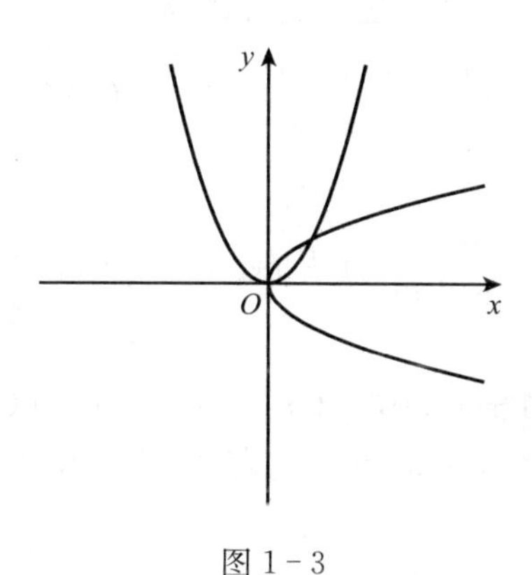

图 1－3

注意到，并非任何函数都有反函数，对于一个给定函数 $y=f(x)$，$x\in X$，$y\in Y$ 来说，它在 X 上存在反函数的充要条件是 $f(x)$ 在 X 上是一一对应的．因为单调函数是一一对应的，所以单调函数一定有反函数，并且反函数也有相同的单调性．

【例 1－4】　求函数 $y=x^2(x\in[0,+\infty))$ 的反函数．

解　因为函数 $y=x^2$ 在区间 $[0,+\infty)$ 上单调递增，所以它存在反函数．由 $y=x^2$ 得 $x=\sqrt{y}$，$y\geqslant 0$，于是函数 $y=x^2(x\in[0,+\infty))$ 的反函数为 $y=\sqrt{x}(x\in[0,+\infty))$．

2. 复合函数

如果某个变化过程中同时出现几个变量，其中第一个变量依赖于第二个变量，第二个变量又取决于第三个变量，则第一个变量实际上是由第三个变量所确定．这类多个变量的连锁关系导出了数学上复合函数的概念．在中学数学里，就遇到过这样的函数，如 $\ln(\sin x)$，可以看成是将 $u=\sin x$ 代入到 $y=\ln u$ 之中而得到的．像这样在一定条件下，将一个函数“代入”到另一个函数中的运算称为函数的复合运算，而得到的函数称为复合函数．一般有下面的定义．

定义 1－3　设 y 是 u 的函数 $y=f(u)$，u 是 x 的函数 $u=\varphi(x)$，而且当 x 在 $\varphi(x)$ 的定义域或定义域的一部分上取值时，所对应的 $u=\varphi(x)$ 的值在 $y=f(u)$ 的定义域内变化，则称 $y=f(\varphi(x))$ 是由 $y=f(u)$ 和 $u=\varphi(x)$ 构成的复合函数．称 u 为中间变量，函数 $u=\varphi(x)$ 称为内层函数，函数 $y=f(u)$ 称为外层函数．

函数 f 与函数 g 构成的复合函数通常记为 $f\circ g$，即

$$f\circ g=f[g(x)]$$

注意到，并不是任意两个函数都能构成复合函数，只有当内层函数的值域与外层函数的定义域交集不空时，两函数才能进行复合运算．

【例 1-5】 设 $f(x)=\begin{cases}1+x, & x<0\\ 1, & x\geqslant 0\end{cases}$，求 $f[f(x)]$.

解 由

$$f[f(x)]=\begin{cases}1+f(x), & f(x)<0\\ 1, & f(x)\geqslant 0\end{cases}$$

易知当 $x<-1$ 时，$f(x)=1+x<0$，而 $f[f(x)]=1+f(x)=1+(1+x)=2+x$. 当 $x\geqslant -1$ 时，无论 $-1\leqslant x<0$ 及 $x\geqslant 0$，均有 $f(x)\geqslant 0$，从而 $f[f(x)]=1$. 所以

$$f[f(x)]=\begin{cases}2+x, & x<-1\\ 1, & x\geqslant -1\end{cases}$$

【例 1-6】 已知 $f\left(\dfrac{1}{x}\right)=x+\sqrt{1+x^2}$，求 $f(x)$.

解 令 $\dfrac{1}{x}=t$，则 $x=\dfrac{1}{t}$，代入已知表达式，得

$$f(t)=\frac{1}{t}+\sqrt{1+\left(\frac{1}{t}\right)^2}=\frac{1}{t}+\frac{\sqrt{1+t^2}}{|t|}$$

所以

$$f(x)=\frac{1}{x}+\frac{\sqrt{1+x^2}}{|x|}$$

复合函数可以由两个以上的函数构成．例如，由函数 $y=5^u$，$u=v^3$，$v=2x-1$ 复合而成的函数为

$$y=5^{(2x-1)^3}$$

反过来也能将一个比较复杂的函数分解成几个简单函数的复合．例如，函数 $y=\log_2\sqrt{1+x^2}$ 可以看作由以下三个函数

$$y=\log_2 u,\ u=\sqrt{v},\ v=1+x^2$$

复合而成．

1.1.4　初等函数

在数学的发展过程中，形成了最简单、最常用的六类函数，即常数函数、幂函数、指数函数、对数函数、三角函数与反三角函数．这六类函数统称为**基本初等函数**．

1. 常数函数

$y=C$（C为常数），定义域为$(-\infty,+\infty)$，值域为$\{C\}$，图像为过点$(0,C)$且平行于x轴的直线．

2. 幂函数

$y=x^a$（a为实数），定义域视a的不同而不同，但无论a为何值，它在区间$(0,+\infty)$内总有定义，图像过点$(1,1)$．$a>0$，$a<0$时的图像分别如图1-4和图1-5所示．

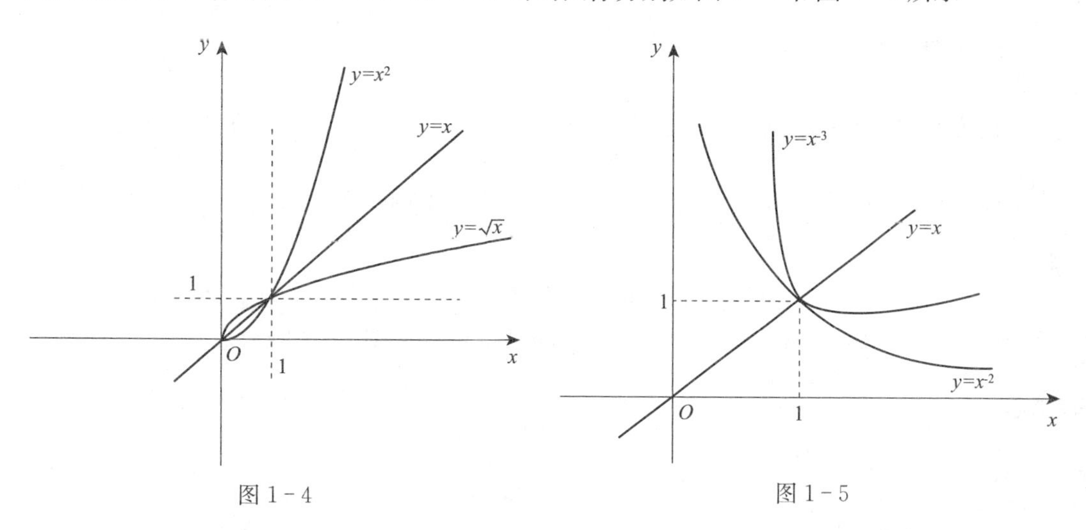

图1-4　　　　图1-5

3. 指数函数

$y=a^x(a>0,a\neq1)$的定义域为$(-\infty,+\infty)$，值域为$(0,+\infty)$．当$a>1$时，函数单调增加；当$0<a<1$时，函数单调减少，图像过点$(0,1)$（如图1-6所示）．

在今后的学习中，常用的指数函数是$y=\mathrm{e}^x$，其中$\mathrm{e}=2.718\,281\,828\,4\cdots$为无理数．

4. 对数函数

$y=\log_a x(a>0,a\neq1)$，定义域为$(0,+\infty)$，值域为$(-\infty,+\infty)$．当$a>1$时，单调增加；当$0<a<1$时，单调减少，它的图像位于y轴的右方，且过点$(1,0)$（如图1-7所

示）.

工程数学中常常用到以 e 为底的对数函数 $y=\log_e x$，称为**自然对数**，并简记为 $y=\ln x$.

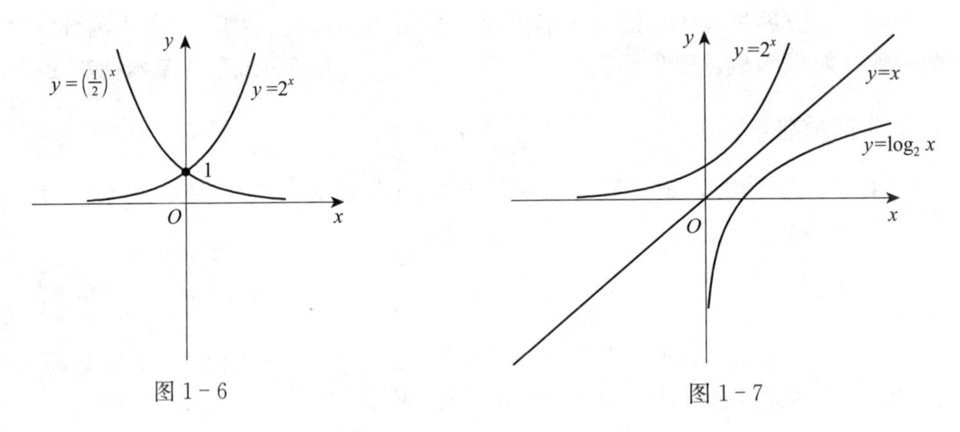

图 1－6　　　　图 1－7

5. 三角函数

正弦函数 $y=\sin x$ 的定义域为$(-\infty,+\infty)$，值域为$[-1,1]$，在$\left[2k\pi-\frac{\pi}{2},2k\pi+\frac{\pi}{2}\right]$上单调增加，在$\left[2k\pi+\frac{\pi}{2},2k\pi+\frac{3\pi}{2}\right](k\in\mathbf{Z})$ 上单调减少，是以 2π 为周期的周期函数（如图 1－8 所示）.

余弦函数 $y=\cos x$ 的定义域、值域和周期与正弦函数相同，在$[(2k-1)\pi,2k\pi]$上单调增加，在$[2k\pi,(2k+1)\pi](k\in\mathbf{Z})$ 上单调减少（如图 1－8 所示）.

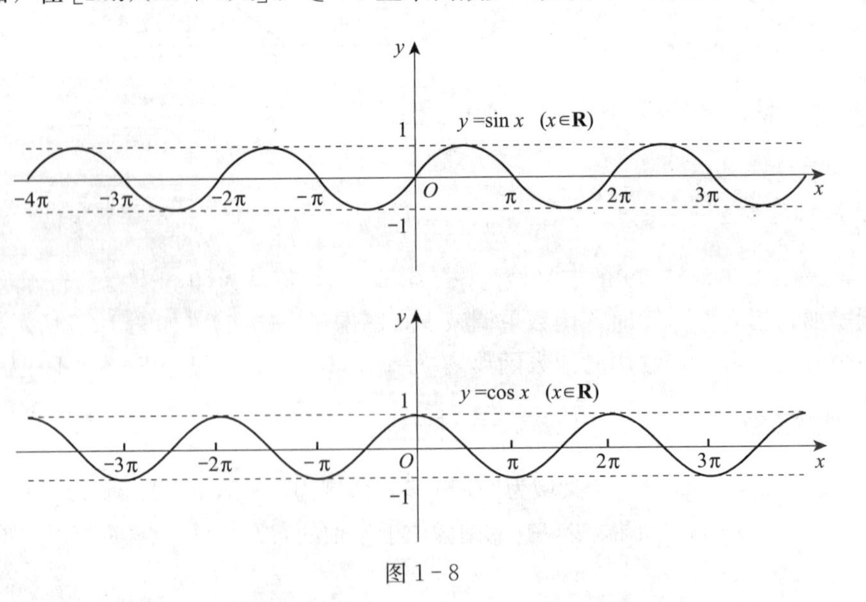

图 1－8

正切函数 $y=\tan x$，定义域为$\left(k\pi-\frac{\pi}{2},\ k\pi+\frac{\pi}{2}\right)$ $(k\in\mathbf{Z})$，值域为$(-\infty,+\infty)$，是以 π 为周期的周期函数，在有定义的区间上单调增加（如图 1－9 所示）.

余切函数 $y=\cot x$，定义域为$(k\pi,(k+1)\pi)(k\in\mathbf{Z})$，值域为$(-\infty,+\infty)$，是以 π 为周期的周期函数，在有定义的区间上单调减少（如图 1－10 所示）.

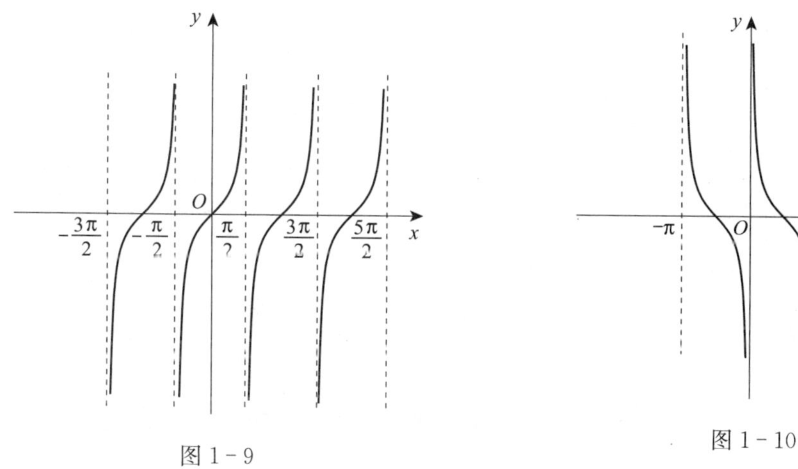

图 1－9

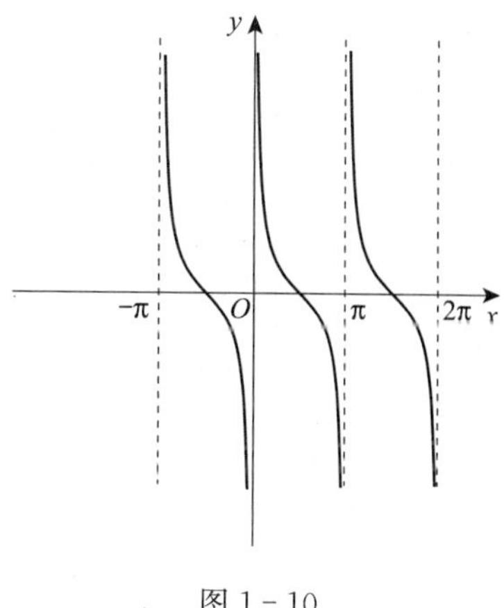

图 1－10

正割函数 $y=\sec x$，定义域为$\left(k\pi-\frac{\pi}{2},\ k\pi+\frac{\pi}{2}\right)$ $(k\in\mathbf{Z})$，值域为$(-\infty,+\infty)$，是以 2π 为周期的周期函数.

余割函数 $y=\csc x$，定义域为$(k\pi,(k+1)\pi)(k\in\mathbf{Z})$，值域为$(-\infty,+\infty)$，是以 2π 为周期的周期函数.

正割函数为偶函数，余割函数为奇函数．由于 $\sec x=\frac{1}{\cos x}$，$\csc x=\frac{1}{\sin x}$，故可以将它们分别转化为对余弦函数和正弦函数的讨论.

6. 反三角函数

反三角函数是三角函数的反函数，由于三角函数都是周期函数，故对于其值域的每个 y 值，与之对应的 x 值有无穷多个，因此在三角函数的定义域上，其（单值的）反函数是不存在的．为了避免多值性，我们在各个三角函数中适当选取它们的一个严格单调区间，由此得出的反函数称之为反三角函数的**主值支**，简称**主值**.

正弦函数 $y=\sin x$ 在区间$\left[-\frac{\pi}{2},\frac{\pi}{2}\right]$上的反函数称为反正弦函数，记为 $y=\arcsin x$，定义域为$[-1,1]$，值域为$\left[-\frac{\pi}{2},\frac{\pi}{2}\right]$（如图 1－11 所示）.

余弦函数 $y=\cos x$ 在区间$[0,\pi]$上的反函数称为反余弦函数，记为 $y=\arccos x$，定义域为$[-1,1]$，值域为$[0,\pi]$（如图 1－12 所示）．

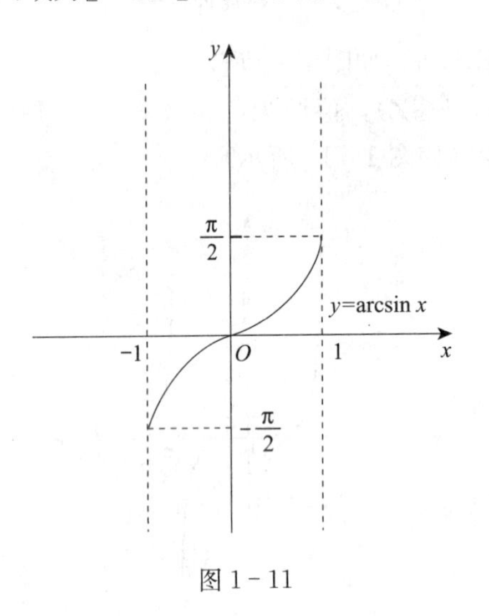

图 1－11

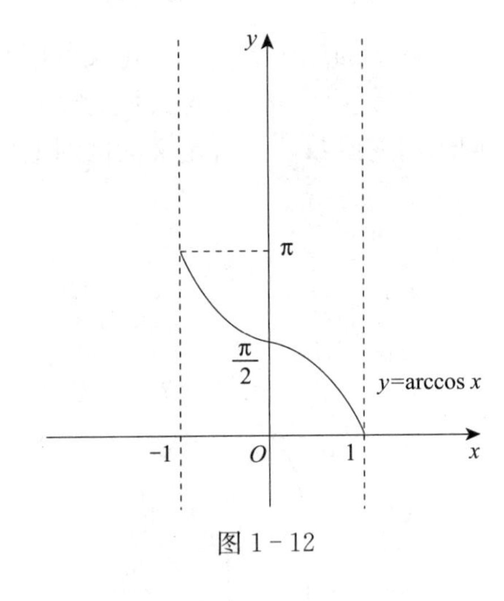

图 1－12

正切函数 $y=\tan x$ 在区间$\left(-\frac{\pi}{2},\frac{\pi}{2}\right)$上的反函数称为反正切函数，记为 $y=\arctan x$，定义域为$(-\infty,+\infty)$，值域为$\left(-\frac{\pi}{2},\ \frac{\pi}{2}\right)$（如图 1－13 所示）．

余切函数 $y=\cot x$ 在区间$(0,\pi)$上的反函数称为反余切函数，记为 $y=\operatorname{arccot} x$，定义域为$(-\infty,+\infty)$，值域为$(0,\pi)$（如图 1－14 所示）．

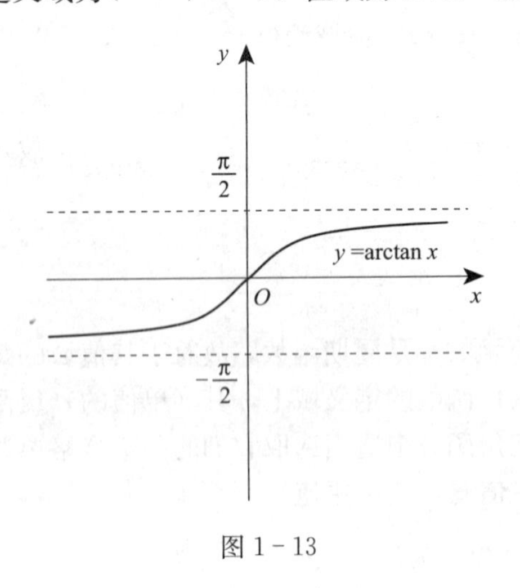

图 1－13

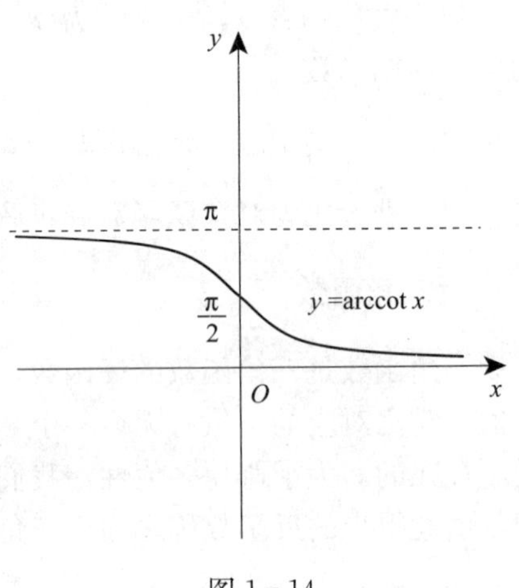

图 1－14

基本初等函数经过有限次四则运算和有限次复合运算所得到的函数，称为**初等函数**．如 $y=1+x^2$，$y=x+\sin x$，$y=\ln(1+x^2)$，$y=\frac{a^x-2x}{1+\ln x}$.

初等函数包括的内容极其广泛．此前所见到过的、凡是能够用一个解析式表示的函数，都是初等函数．分段表示的函数一般不是初等函数，但绝对值函数虽然是分段表示的，如$|x|=\sqrt{x^2}$，却仍是初等函数．大学文科数学主要讨论的对象是初等函数．

习题 1.1

1. 叙述函数的定义，并指出下列各题中的两个函数是否相同，为什么？

（1）$y=\frac{x^2}{x}$与$y=x$　　（2）$y=\ln x^2$ 与 $y=2\ln x$

（3）$y=\sqrt{x^2}$与$y=x$　　（4）$y=\frac{x^4-1}{x^2+1}$与$y=x^2-1$

2. 求下列函数的定义域．

（1）$y=\frac{1}{1-x}$　　（2）$y=\ln(x^2-4)$

（3）$y=\sqrt{\frac{1+x}{1-x}}$　　（4）$y=\arccos\frac{2x}{1+x}$

3. 设 $f(x)$ 的定义域为$(0,1)$，求 $f(\tan x)$ 的定义域．

4. 指出下列函数中哪些是奇函数，哪些是偶函数．

（1）$y=\ln(x^2+1)$　　（2）$y=x^2\sin x$

（3）$y=x^2+\sin x$　　（4）$y=|1+x|$

5. 任意两个函数是否都可以复合成一个复合函数？你是否可以用例子说明？

6. 设 $f(x)=\frac{1}{1-x}$，求（1）$f[f(x)]$；（2）$f\{f[f(x)]\}$．

7. 设一个无盖的圆柱形容器的容积为V，试将其表面积为S表示为底半径r的函数．

8. 现行国内长途电话的计费标准为通话距离 800 千米以上每分钟收费 1.00 元，800 千米以下（含 800 千米）每分钟收费 0.80 元，试将每分钟通话费表示为通话距离的函数．

1.2　函数的极限

本节学习微积分的基础知识——变量的极限理论．大学文科数学主要研究变量及变量间的依赖关系，而研究的方法就是极限．极限的概念是大学文科数学最基本的一个概念，以后将要介绍的连续、导数、定积分等重要概念都是建立在极限概念的基础之上的，因此极限方法是一种研究函数的最基本的方法．

1.2.1 极限的概念

极限概念的产生源于解决实际问题的需要．因为有很多实际问题的精确解，仅仅通过有限次的算术运算是求不出来的，而是必须分析一个无限变化过程的变化趋势，从而求出它来．例如，我国历史上魏晋时期（公元3世纪）的数学家刘徽所创立的“割圆术”——利用圆内接正多边形来推算圆面积的方法（也给出了计算圆周率的科学方法），就是极限思想在几何学上的应用（如图1－15所示）．

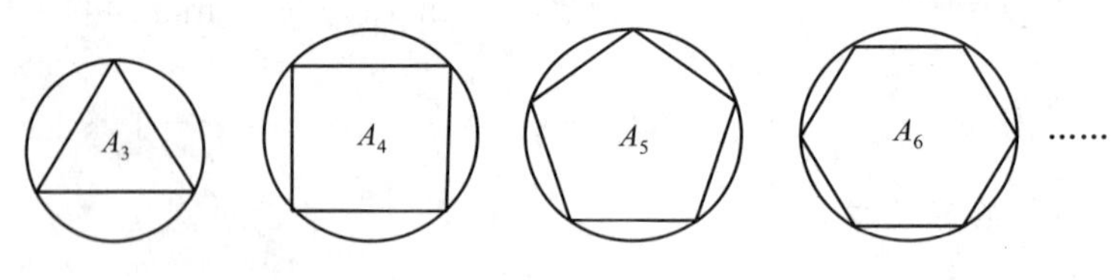

图1－15

设有一圆，首先作内接正六边形，把它的面积记为A_1；再作内接正十二边形，其面积记为A_2；接着再作内接正二十四边形，其面积记为A_3；循环下去，每次边数加倍，一般地把内接正$6\times 2^{n-1}$边形的面积记为A_n（$n\in \mathbf{Z}^+$）．这样，就得到一系列内接正多边形的面积：

$$A_1, A_2, \cdots, A_n, \cdots$$

它们构成一列有次序的数．n越大，内接正多边形与圆的差别就越小，从而以A_n作为圆面积的近似值也越精确．因此，设想n无限增大（记为$n\to\infty$，读作n趋于无穷大），即内接正多边形的边数无限增加，在这个过程中，内接正多边形将无限接近于圆，同时A_n也无限接近于某一确定的数值．这个确定的数值就理解为所需求的圆的面积．在数学上，将这个确定的数值称为上面这列有次序的数（所谓数列）$A_1, A_2, \cdots, A_n, \cdots$当$n\to\infty$的极限．正是这个数列的极限才精确地表达了圆的面积．

在解决实际问题中逐渐形成的这种极限方法，是微积分学中的一种基本方法. 下面将作进一步的阐明，首先给出数列极限的概念．

1. 数列极限的定义

通俗地说，数列就是按照某一规律以正整数编号的一列数，即如果按照某一法则，使得对任何一个正整数n有一个确定的数x_n，则得到一列有次序的数

$$x_1, x_2, x_3, \cdots, x_n, \cdots$$

这一列有次序的数就叫做数列，记为$\{x_n\}$，其中第n项x_n叫做数列的一般项或通项．

例如以下数列：

(1) $\left\{\frac{1}{n}\right\}$：1，$\frac{1}{2}$，$\frac{1}{3}$，$\frac{1}{4}$，…，$\frac{1}{n}$，…

(2) $\{2^n\}$：2，4，8，…，2^n，…

(3) $\left\{\frac{1}{2^n}\right\}$：$\frac{1}{2}$，$\frac{1}{4}$，$\frac{1}{8}$，…，$\frac{1}{2^n}$，…

(4) $\{(-1)^n\}$：-1，1，-1，…，$(-1)^n$，…

例如前面叙述的“刘徽割圆术”，当 n 无限增大时 A_n 无限逼近于圆的面积 S.

由此可以看出，对于数列来说，有一些数列（如前面的例子）和上面数列 A_n 一样具有随着 n 的不断增大而逼近于某一固定值 a 的性质，那么就称这类数列有极限 a.

将数列的这一变化趋势用普通语言描述出来就是中学所介绍的极限的直观描述性定义.

对于数列$\{x_n\}$，如果存在一个常数 a，当 n 无限增大时（记为 $n\to\infty$），x_n 与常数 a 无限接近，就把常数 a 叫做数列 $\{x_n\}$ 的极限，或称数列是**收敛**的，记作 $\lim\limits_{n\to\infty}x_n=a$，有时也可记作 $x_n\to a(n\to\infty)$. 否则称数列是**发散**的.

前面举的几个例子中，数列$\left\{\frac{1}{n}\right\}$，当 n 无限增大时，通项$\frac{1}{n}$无限接近于常数 0，则称该数列以 0 为极限，记为$\lim\limits_{n\to\infty}\frac{1}{n}=0$；同理，$\lim\limits_{n\to\infty}\frac{1}{2^n}=0$；而当 $n\to\infty$ 时，$\{2^n\}$ 和 $\{(-1)^n\}$ 的通项不接近于任何常数，因此是发散的.

2. 函数极限的定义

数列是自变量取自然数时的函数，$x_n=f(n)$，因此数列是函数的一种特殊情况. 在初步理解离散型的数列极限概念的基础上，下面再来学习连续型的函数极限.

【例 1-7】　自由落体的瞬时速度.

在初速度为 0 的自由落体运动中，落体在任一时刻 t，下落的距离 s 由公式 $s=\frac{1}{2}gt^2$ 来确定，现求落体在时刻 $t=1$ 秒时的“瞬时速度”.

设落体在时刻 1 秒的位置为 M_0，下落距离

$$s_0=OM_0=\frac{1}{2}\cdot g\cdot 1^2=\frac{1}{2}g$$

设落体在时刻 t 秒的位置为 M，下落距离

$$s=OM=\frac{1}{2}gt^2$$

从 M_0 到 M 这一段，落体的平均速度为

$$\bar{v}=\frac{s-s_0}{t-1}=\frac{1}{2}\cdot g\cdot\frac{t^2-1}{t-1}=\frac{1}{2}\cdot g\cdot(t+1)$$

t 无限接近于 1 时，$\bar{v}$ 无限接近于 g，即为落体在 $t=1$ 时的瞬时速度，称 g 是 $\bar{v}$ 当 $t\to 1$ 时的极限．

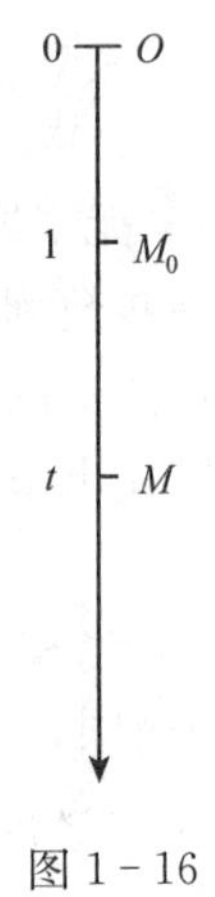

图 1－16

这里关于极限的说法并不是严格的定义，经分析可知：

① 在上例中，$t\to 1$ 是指 t 无限接近于 1，所谓 t 无限接近于 1，就是说 t 接近 1 可以达到任何程度，但并不要求 $t=1$，因为 $\bar{v}$ 在 $t=1$ 处没有定义；

② $t\to 1$ 是这样的变化过程：t 既可取大于 1 的值而无限接近于 1，也可取小于 1 的值或摆动地无限接近于 1；

③ $\bar{v}\to g$ 是以 $t\to 1$ 这个变化过程为前提的，也就是说，v 随着 t 无限接近于 1 而无限接近于 g；如果不考虑 $t\to 1$ 这个变化过程，只说 $\bar{v}\to g$ 是没有意义的．

综上，可以得函数极限的精确定义．

定义 1－4　若自变量 x 无限接近一定数 a，但不等于 a 时，函数 $f(x)$ 无限接近一定数 A，则称 $f(x)$ 当 x 趋于 a 时以 A 为极限．记为

$$\lim_{x\to a}f(x)=A$$

上式也可记为：当 $x\to a$ 时，$f(x)\to A$.

类似地，可以得到 $x\to\infty$ 时函数极限的定义．

如果自变量 x 趋于无穷时，函数 $f(x)$ 无限接近于一个定数 A，那么就说 $f(x)$ 当 x 趋于无穷时以 A 为极限，记为

$$\lim_{x\to\infty}f(x)=A$$

其中记号“$x\to\infty$”，表示$|x|$无限增大．如果x变到一定程度以后，总取正值而无限增大，就记为$x\to+\infty$；总取负值而$|x|$无限增大，就记为$x\to-\infty$.

【例 1－8】　讨论下列各极限是否存在．

（1）$\lim\limits_{x\to\infty}\dfrac{1}{x}$　　（2）$\lim\limits_{x\to1}C$

（3）$\lim\limits_{x\to+\infty}\dfrac{x-1}{x+1}$　　（4）$\lim\limits_{x\to1}\dfrac{x^2-1}{x-1}$.

解

（1）通过观察函数图像（如图 1－17），可知$\lim\limits_{x\to\infty}\dfrac{1}{x}=0$.

（2）通过观察函数图像（如图 1－18），可知$\lim\limits_{x\to1}C=C$.

（3）$\lim\limits_{x\to+\infty}\dfrac{x-1}{x+1}=\lim\limits_{x\to+\infty}\dfrac{1-\dfrac{1}{x}}{1+\dfrac{1}{x}}=1$.

（4）$\lim\limits_{x\to1}\dfrac{x^2-1}{x-1}=\lim\limits_{x\to1}(x+1)=2$.

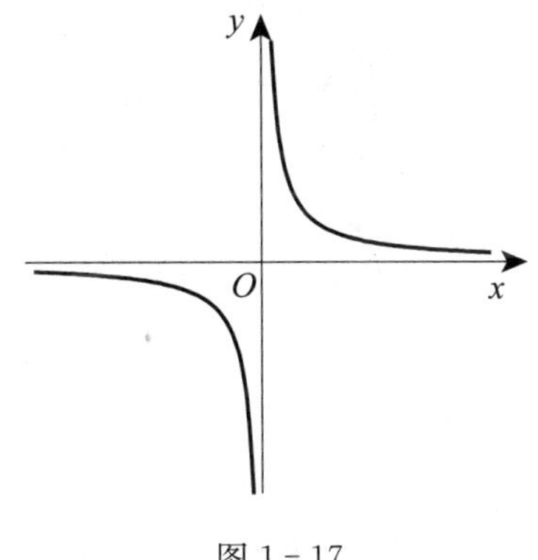

图 1－17

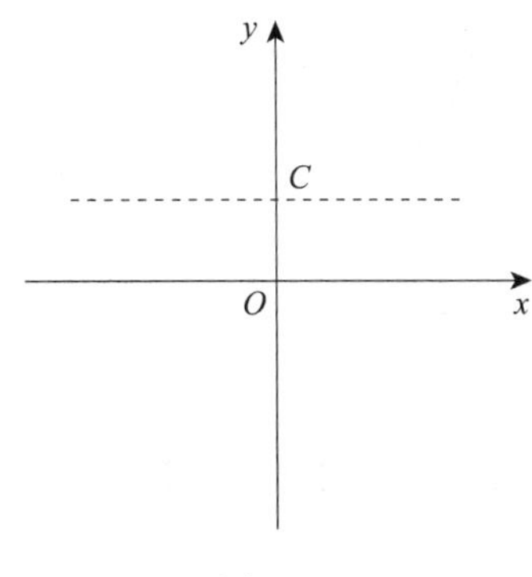

图 1－18

说明

① $\lim\limits_{x\to a}C=C$，即常值函数的极限是其本身；

② 函数$f(x)$在一点是否有极限与在此点是否有定义无关；

③ 函数$f(x)$在一点的极限值与在此点的函数值未必相等．

> **定义 1－5（单侧极限）** 当x从左（右）侧趋近于a时，若函数$f(x)$无限接近一定数A，则称$f(x)$当x从左（右）侧趋于a时以A为左（右）极限，记为
>
> $$\lim_{x\to a^-}f(x)=A\quad\left(\lim_{x\to a^+}f(x)=A\right)$$

函数自变量的几种不同变化趋势如下．

x 趋于有限值 a，记作 $x \to a$；

x 从 a 的左侧（即小于 a）趋于 a，记作 $x \to a^-$；

x 从 a 的右侧（即大于 a）趋于 a，记作 $x \to a^+$；

x 的绝对值 $|x|$ 无限增大，记作 $x \to \infty$；

x 小于零且绝对值 $|x|$ 无限增大，记作 $x \to -\infty$；

x 大于零且绝对值 $|x|$ 无限增大，记作 $x \to +\infty$.

在自变量不同的变化趋势下，可相应地得到函数极限的定义．

定理 1－1　$\lim\limits_{x \to a} f(x)$ 存在的充分必要条件为 $\lim\limits_{x \to a^-} f(x)$ 和 $\lim\limits_{x \to a^+} f(x)$ 存在且相等．即在极限存在的情况下，有

$$\lim_{x \to a} f(x) = \lim_{x \to a^-} f(x) = \lim_{x \to a^+} f(x)$$

此定理可用来判别函数的极限是否存在．

【例 1－9】　判别当 $x \to 0$ 时函数 $y = \dfrac{|x|}{x}$ 的极限是否存在．

解　因为

$$\lim_{x \to 0^+} \frac{|x|}{x} = \lim_{x \to 0^+} \frac{x}{x} = 1,\quad \lim_{x \to 0^-} \frac{|x|}{x} = \lim_{x \to 0^-} \frac{-x}{x} = -1$$

即函数 $y = \dfrac{|x|}{x}$ 当 $x \to 0$ 时的左右极限存在但不相等，所以极限不存在．

1.2.2　极限的运算法则

为了求比较复杂的函数的极限，下面将介绍极限的四则运算和复合运算法则，并通过例子说明如何利用运算法则来计算极限．

下面的定理对六种极限过程均成立，我们仅以过程 $x \to x_0$ 为例．

定理 1－2（四则运算法则）　如果函数 $f(x), g(x)$ 在 $x \to x_0$ 时有极限，则

（1）$\lim\limits_{x \to x_0}[f(x) \pm g(x)]$ 存在，且 $\lim\limits_{x \to x_0}[f(x) \pm g(x)] = \lim\limits_{x \to x_0} f(x) \pm \lim\limits_{x \to x_0} g(x)$；

（2）$\lim\limits_{x \to x_0}[f(x)g(x)]$ 存在，且 $\lim\limits_{x \to x_0}[f(x)g(x)] = \lim\limits_{x \to x_0} f(x) \lim\limits_{x \to x_0} g(x)$；

（3）$\lim\limits_{x \to x_0} \dfrac{f(x)}{g(x)}$ 存在，且 $\lim\limits_{x \to x_0} \dfrac{f(x)}{g(x)} = \dfrac{\lim\limits_{x \to x_0} f(x)}{\lim\limits_{x \to x_0} g(x)}$（$\lim\limits_{x \to x_0} g(x) \neq 0$）.

注　① 可将定理 1-2 推广到任何有限多个函数的情形，但对无限的情形此定理未必成立．

② 使用定理时一定注意满足条件：函数的极限存在．

③ 定理 1-2(2) 的特别情形：$\lim\limits_{x\to x_0}kf(x)=k\lim\limits_{x\to x_0}f(x)$；$\lim\limits_{x\to x_0}[f(x)]^n=[\lim\limits_{x\to x_0}f(x)]^n$.

【例 1-10】　求 $\lim\limits_{x\to 2}(2x^3-4x+3)$.

解　$\lim\limits_{x\to 2}(2x^3-4x+3)=2(\lim\limits_{x\to 2}x^3)-4\lim\limits_{x\to 2}x+\lim\limits_{x\to 2}3=2\times 2^3-4\times 2+3=11$

【例 1-11】　求 $\lim\limits_{x\to 1}\left(\dfrac{1}{1-x}-\dfrac{2}{1-x^2}\right)$.

解　$\dfrac{1}{1-x}-\dfrac{2}{1-x^2}=\dfrac{(1+x)-2}{1-x^2}=-\dfrac{1-x}{1-x^2}=-\dfrac{1}{1+x}$

于是

$$\lim_{x\to 1}\left(\frac{1}{1-x}-\frac{2}{1-x^2}\right)=\lim_{x\to 1}\left(-\frac{1}{1+x}\right)=\frac{-1}{\lim\limits_{x\to 1}(1+x)}=-\frac{1}{2}$$

【例 1-12】　求 $\lim\limits_{x\to\infty}\dfrac{3x^3+4x^2+2}{7x^3+5x^2-3}$.

解　先用 x^3 去除分子及分母，然后取极限

$$\lim_{x\to\infty}\frac{3x^3+4x^2+2}{7x^3+5x^2-3}=\lim_{x\to\infty}\frac{3+\dfrac{4}{x}+\dfrac{2}{x^3}}{7+\dfrac{5}{x}-\dfrac{3}{x^3}}=\frac{3}{7}$$

【例 1-13】　求 $\lim\limits_{x\to 0}\dfrac{\sqrt{x+1}-1}{x}$.

解　$x\to 0$ 时，分母极限为零，不能直接用商的极限法则．先恒等变形，将函数"有理化"，即

$$\lim_{x\to 0}\frac{\sqrt{x+1}-1}{x}=\lim_{x\to 0}\frac{(\sqrt{x+1}-1)(\sqrt{x+1}+1)}{x(\sqrt{x+1}+1)}=\lim_{x\to 0}\frac{1}{\sqrt{x+1}+1}=\frac{1}{2}$$

定理 1-3（极限的复合运算法则）　设函数 $y=f(u)$ 及 $u=\varphi(x)$ 构成复合函数 $y=f[\varphi(x)]$，若

$$\lim_{x\to x_0}\varphi(x)=a,\ \lim_{u\to a}f(u)=A$$

且当 $x\neq x_0$ 时 $u\neq a$，则当 $x\to x_0$ 时复合函数 $y=f[\varphi(x)]$ 的极限存在，且

$$\lim_{x\to x_0}f(\varphi(x))=\lim_{u\to a}f(u)=A$$

上式表明，求 $\lim\limits_{x\to x_0}f(\varphi(x))$ 时，若作变量替换 $u=\varphi(x)$，当 $\lim\limits_{x\to x_0}\varphi(x)=a$ 时，就转化为求极限$\lim\limits_{u\to a}f(u)$. 正因为如此，在求复合函数的极限时，可用变量替换的方法．

【例 1-14】 求 $\lim\limits_{x\to 2}\sqrt{\dfrac{x-2}{x^2-4}}$.

解 令 $u=\dfrac{x-2}{x^2-4}$，则

$$\lim_{x\to 2}u=\lim_{x\to 2}\frac{x-2}{x^2-4}=\lim_{x\to 2}\frac{1}{x+2}=\frac{1}{4}$$

又

$$\lim_{u\to\frac{1}{4}}\sqrt{u}=\sqrt{\frac{1}{4}}=\frac{1}{2}$$

所以

$$\lim_{x\to 2}\sqrt{\frac{x-2}{x^2-4}}=\frac{1}{2}$$

1.2.3 两个重要极限

利用极限的概念和极限的运算法则可以求得一些简单变量的极限．下面给出两个重要极限．利用这两个重要极限，还可以计算一些特殊类型的极限．

1. $\lim\limits_{x\to 0}\dfrac{\sin x}{x}=1$

当 $x\to 0(x>0)$ 时，$\sin x$ 取值的变化情况如表 1-1 所示.

表 1-1

x	1	0.5	0.1	0.05	0.01	0.005	0.001	…
$\sin x$	0.841 5	0.479 4	0.099 8	0.049 98	0.009 999 8	0.004 999 9	0.001	…

可以看到，随着 x 不断接近于0，$\sin x$ 与 x 的值越来越接近．事实上可以证明：当 $x\to 0$ 时$\dfrac{\sin x}{x}\to 1$，即$\lim\limits_{x\to 0}\dfrac{\sin x}{x}=1$.

【例 1-15】 求 $\lim\limits_{x\to 0}\dfrac{\tan x}{x}$.

解 $\lim\limits_{x\to 0}\dfrac{\tan x}{x}=\lim\limits_{x\to 0}\dfrac{\sin x}{x}\cdot\dfrac{1}{\cos x}=\lim\limits_{x\to 0}\dfrac{\sin x}{x}\cdot\lim\limits_{x\to 0}\dfrac{1}{\cos x}=1$

【例1-16】　求 $\lim\limits_{x\to 0}\dfrac{1-\cos x}{x^2}$.

解　$\lim\limits_{x\to 0}\dfrac{1-\cos x}{x^2}=\dfrac{1}{2}\lim\limits_{x\to 0}\left(\dfrac{\sin\dfrac{x}{2}}{\dfrac{x}{2}}\right)^2=\dfrac{1}{2}\cdot 1^2=\dfrac{1}{2}$

2. $\lim\limits_{n\to\infty}\left(1+\dfrac{1}{n}\right)^n=\mathrm{e}$

考察数列 $\{x_n\}$，$x_n=\left(1+\dfrac{1}{n}\right)^n$，当 n 不断增大时 $\{x_n\}$ 的变化趋势．为直观起见，将 n 与 x_n 的部分取值列成表，如表1-2所示，其中 x_n 的值保留小数点三位有效数字．

表1-2

n	1	2	3	4	5	10	100	1 000	10 000	…
$\left(1+\dfrac{1}{n}\right)^n$	2	2.25	2.370	2.441	2.488	2.594	2.705	2.717	2.718	…

由此看出，当 n 无限增大时，$x_n=\left(1+\dfrac{1}{n}\right)^n$ 的变化趋势是稳定的．事实上，可以证明，当 $n\to\infty$ 时，$x_n=\left(1+\dfrac{1}{n}\right)^n\to\mathrm{e}$. 其中 e 表示一个无理数，其近似值为

$$\mathrm{e}\approx 2.718\ 281\ 828\ 459\ 045$$

若把这个特殊函数 $a_n=\left(1+\dfrac{1}{n}\right)^n$ 的自变量 n 换成连续变量 x，则可以证明

$$\lim_{x\to\infty}\left(1+\frac{1}{x}\right)^x=\mathrm{e}\ (\text{或}\lim_{x\to 0}(1+x)^{\frac{1}{x}}=\mathrm{e})$$

【例1-17】　求 $\lim\limits_{x\to\infty}\left(1+\dfrac{2}{x}\right)^x$.

解　$\lim\limits_{x\to\infty}\left(1+\dfrac{2}{x}\right)^x=\lim\limits_{x\to\infty}\left(1+\dfrac{1}{\dfrac{x}{2}}\right)^{\frac{x}{2}\cdot 2}=\mathrm{e}^2$

【例1-18】　求 $\lim\limits_{x\to\infty}\left(1-\dfrac{1}{x}\right)^{x+1}$.

解　$\lim\limits_{x\to\infty}\left(1-\dfrac{1}{x}\right)^{x+1}=\lim\limits_{x\to\infty}\left[\left(1+\dfrac{1}{-x}\right)^{-x}\right]^{-1}\left(1-\dfrac{1}{x}\right)=\mathrm{e}^{-1}\cdot 1=\mathrm{e}^{-1}$

【例1-19】　求 $\lim\limits_{x\to 0}(1+x^2)^{x^{-2}}$.

解 $\lim\limits_{x\to 0}(1+x^2)^{x^{-2}}=\lim\limits_{x\to 0}(1+x^2)^{\frac{1}{x^2}}=\mathrm{e}$

【例 1-20】（连续复利问题） 设有本金 P_0，计息期的利率为 r，计息期数为 t，若每期结算一次，则 t 期后的本利和为

$$A_t=P_0(1+r)^t$$

如果每期结算 m 次，那么每期的利率为$\dfrac{r}{m}$，原 t 期后的本利和为

$$A_m=P_0\left(1+\frac{r}{m}\right)^{mt}$$

若 $m\to\infty$，则表示利息随时计入本金，意味着立即存入，立即结算．这样的复利称为连续复利．于是 t 期后的本利和为

$$\lim_{m\to\infty}P_0\left(1+\frac{r}{m}\right)^{mt}=P_0\lim_{m\to\infty}\left[\left(1+\frac{r}{m}\right)^{\frac{m}{r}}\right]^{rt}$$

令 $n=\dfrac{m}{r}$，当 $m\to\infty$ 时，$n\to\infty$．于是

$$\lim_{m\to\infty}P_0\left(1+\frac{r}{m}\right)^{mt}=P_0\lim_{n\to\infty}\left[\left(1+\frac{1}{n}\right)^n\right]^{rt}=P_0\left[\lim_{n\to\infty}\left(1+\frac{1}{n}\right)^n\right]^{rt}=P_0\mathrm{e}^{rt}$$

1.2.4 无穷大量与无穷小量

1. 无穷小量

在实践中我们会碰到一类变量，它们会变得越来越小，并且想多小就会有多小，如火车到达目的地的距离、香港回归的倒计时、一盆温水与室温的温差等都具有这样的变化特点．在数学中，把以零为极限的变量叫做无穷小量．

定义 1-6 在某一极限过程中，以 0 为极限的变量，称为该极限过程中的无穷小量，简称为无穷小．

无穷小量只是一类特殊的变量．

例如，因为$\lim\limits_{x\to\infty}\dfrac{1}{x}=0$，所以函数 $\dfrac{1}{x}$ 为 $x\to\infty$ 时的无穷小．

因为$\lim\limits_{x\to 1}(x-1)=0$，所以函数 $x-1$ 为 $x\to 1$ 时的无穷小．

因为$\lim\limits_{n\to\infty}\dfrac{1}{n+1}=0$，所以数列 $\left\{\dfrac{1}{n+1}\right\}$ 为 $n\to\infty$ 时的无穷小．

定理 1-4 两个无穷小的和、差、积，以及常数与无穷小之积都是无穷小量．

但要注意，两个无穷小量的商就不一定仍为无穷小量．例如，$x \to 0$ 时，x 是无穷小量，$2x$ 也是无穷小量，但 $\lim\limits_{x \to 0} \frac{2x}{x} = 2$，因此 $\frac{2x}{x}$ 不是无穷小量．

定理 1-5 有界函数与无穷小的乘积仍为无穷小．

【例 1-21】 求 $\lim\limits_{x \to \infty} \frac{\sin x}{x}$.

解 因为 $\sin x$ 是有界函数，$\frac{1}{x}$ 为当 $x \to \infty$ 时的无穷小，由定理知 $\frac{\sin x}{x}$ 为 $x \to \infty$ 时的无穷小，即 $\lim\limits_{x \to \infty} \frac{\sin x}{x} = 0$.

2. 无穷大量

变化趋势与无穷小量相反的量叫做无穷大量．即若在自变量的某一变化过程中，函数的绝对值 $|f(x)|$ 无限增大，则称 $f(x)$ 为该过程中的无穷大量，简称**无穷大**．

例如，当 $x \to 0$ 时，$\frac{1}{x}$ 是无穷大；$x \to -1$ 时，$\frac{1}{(1+x)^2}$ 也是无穷大；$x \to \infty$ 时，$1 - \ln x$ 是无穷大．显然这些无穷大的变化趋势不相同，随着 $x \to -1$，$\frac{1}{(1+x)^2}$ 的值非负且越来越大，而当 $x \to \infty$ 时 $1 - \ln x$ 则取负值且绝对值越来越大，在数学上加以区别就是正无穷大（记为 $+\infty$）与负无穷大（记为 $-\infty$）．

3. 无穷大与无穷小的关系

在自变量的同一变化过程中，若 $f(x)$ 为无穷大，则 $\frac{1}{f(x)}$ 为无穷小；反之，若 $f(x)$ 为非零无穷小，则 $\frac{1}{f(x)}$ 为无穷大．简言之，无穷小与无穷大是互为倒数的，但分母不得为 0.

4. 无穷小量的阶

在数学中，两个无穷小量虽然都以零为极限，但它们趋于零的快慢程度可能相同，也可能不同．例如，当 $x \to 0$ 时，x 与 x^2 都趋于零，但显然 x^2 要比 x“小”得快，而 $\sin x$ 与 x 和零接近的程度几乎是相同的．因此，有必要对无穷小量进行比较，我们可以由它们比值的极限来判断，称为**无穷小量阶的比较**．

定义 1-7 设α与β为x在同一变化过程中的两个无穷小，

① 若$\lim\frac{\beta}{\alpha}=0$，这说明分子$\beta$趋于0的速度比分母$\alpha$趋于0的速度要快得多，则称$\beta$是比$\alpha$高阶的无穷小，记为$\beta=o(\alpha)$；

② 若$\lim\frac{\beta}{\alpha}=\infty$，这说明分母$\alpha$趋于0的速度比分子$\beta$趋于0的速度要快得多，则称是$\beta$比$\alpha$低阶的无穷小；

③ 若$\lim\frac{\beta}{\alpha}=C\neq0$，这说明分子$\beta$与分母$\alpha$趋于0的速度差不多，则称$\beta$与$\alpha$是同阶无穷小；

④ 若$\lim\frac{\beta}{\alpha}=1$，这说明分子$\beta$与分母$\alpha$趋于0的速度一样，则称$\beta$与$\alpha$是等价无穷小，记为$\alpha\sim\beta$.

下面的定理，可用于简化分子和分母都是无穷小量的极限的计算.

定理 1-6 若$\alpha,\beta,\alpha',\beta'$均为$x$的同一变化过程中的无穷小，且$\alpha\sim\alpha'$，$\beta\sim\beta'$，及$\lim\frac{\beta'}{\alpha'}=A$（或$\infty$），则

$$\lim\frac{\beta}{\alpha}=\lim\frac{\beta'}{\alpha'}=A\ (\text{或}\ \infty)$$

常用的等价无穷小有：

$$\sin x\sim x,\tan x\sim x,\arcsin x\sim x,\arctan x\sim x,1-\cos x\sim\frac{1}{2}x^2\ (x\to0)$$

【例 1-22】 求$\lim\limits_{x\to0}\frac{\sin 2x}{\tan 5x}$.

解 $\lim\limits_{x\to0}\frac{\sin 2x}{\tan 5x}=\lim\limits_{x\to0}\frac{2x}{5x}=\frac{2}{5}$

【例 1-23】 求$\lim\limits_{x\to0}\frac{\tan x-\sin x}{(\sin 2x)^3}$.

解 $\lim\limits_{x\to0}\frac{\tan x-\sin x}{(\sin 2x)^3}=\lim\limits_{x\to0}\frac{\tan x(1-\cos x)}{(2x)^3}=\lim\limits_{x\to0}\frac{x\cdot\frac{1}{2}x^2}{8x^3}=\frac{1}{16}$

等价无穷小的替换适用于求乘积或商的极限，不能在代数和的情形中使用. 如上例中若对分子的每项作等价替换，则原式$=\lim\limits_{x\to0}\frac{x-x}{(2x)^3}=0$，是不正确的.

习题 1.2

1. 用观察法判断下列各数列是否收敛？如果收敛，极限是什么？

(1) $\left\{\dfrac{1}{3n}\right\}$　(2) $\left\{2-\dfrac{1}{n}\right\}$　(3) $\{1+(-1)^n\}$　(4) $\{e^n\}$

2. 设 $f(x)=\begin{cases}x^2+1, & x<0\\ x, & x>0\end{cases}$，画出 $f(x)$ 的图形，求（1）$\lim\limits_{x\to 0^-}f(x)$；（2）$\lim\limits_{x\to 0^+}f(x)$；（3）问$\lim\limits_{x\to 0}f(x)$是否存在．

3. 求下列极限．

(1) $\lim\limits_{x\to -2}(3x^2-5x+2)$

(2) $\lim\limits_{x\to\sqrt{3}}\dfrac{x^2-3}{x^4+x^2+1}$

(3) $\lim\limits_{x\to 2}\dfrac{x^2-3}{x-2}$

(4) $\lim\limits_{x\to 2}\dfrac{x^2-1}{2x^2-x-1}$

(5) $\lim\limits_{x\to\infty}\dfrac{2x+3}{6x-1}$

(6) $\lim\limits_{x\to\infty}\dfrac{1\,000x}{1+x^3}$

(7) $\lim\limits_{x\to\infty}\dfrac{x^4-8x+1}{5+x^2}$

(8) $\lim\limits_{x\to 3}\dfrac{x^2-5x+6}{x^2-8x+15}$

4. 求下列极限．

(1) $\lim\limits_{x\to 0}\dfrac{\sin 5x}{\sin 3x}$

(2) $\lim\limits_{x\to\infty}x\sin\dfrac{2}{x}$

(3) $\lim\limits_{x\to 0}\dfrac{\sin x^3}{\sin^3 x}$

(4) $\lim\limits_{x\to 0}\dfrac{\tan(2x+x^3)}{\sin(x-x^2)}$

(5) $\lim\limits_{x\to 0}\dfrac{x^2\sin\dfrac{1}{x}}{\sin x}$

(6) $\lim\limits_{x\to 0}\dfrac{x-\sin x}{x+\sin x}$

(7) $\lim\limits_{x\to 0}\dfrac{\arctan 3x}{x}$

(8) $\lim\limits_{x\to 0}\dfrac{\sqrt{x+4}-2}{\sin 5x}$

(9) $\lim\limits_{x\to 0}\dfrac{\tan 2x-\sin x}{x}$

(10) $\lim\limits_{x\to 0}\dfrac{\tan x-\sin x}{\sin^3 x}$

5. 求下列极限．

(1) $\lim\limits_{x\to\infty}\left(1+\dfrac{4}{x}\right)^{2x}$

(2) $\lim\limits_{x\to\infty}\left(1-\dfrac{2}{x}\right)^{\frac{x}{2}-1}$

(3) $\lim\limits_{x\to 0}\left(\dfrac{3-x}{3}\right)^{\frac{2}{x}}$

(4) $\lim\limits_{x\to\infty}\left(\dfrac{x-1}{x+1}\right)^{x}$

(5) $\lim\limits_{x\to 1^+}(1+\ln x)^{\frac{5}{\ln x}}$　　(6) $\lim\limits_{x\to \frac{\pi}{2}}(1+\cos x)^{\sec x}$

6. 函数 $f(x)=\dfrac{x+1}{x-1}$ 在什么条件下是无穷大量，什么条件下是无穷小量？为什么？

7. 当 $x\to 0$ 时，试比较 $\sin x^2$ 与 $\tan x$ 哪一个是高阶的无穷小量？

1.3　函数的连续性

自然界中各种变量在变化过程中呈现两种不同的特点：一种是量的变化是连续的，如气温的变化、树木的生长、河水的流动，等等；另一种是量的变化是间断的，如火山突然爆发、堤岸顷刻决堤，等等.

第一种变化在函数关系上的反映，就是函数的连续性；而第二种变化在函数关系上的反映，就是函数有间断点. 本节主要介绍函数的连续性及其相关性质.

1.3.1　连续的概念

所谓连续函数，从几何上看，就是一条没有断点的连续曲线. 我们观察函数 $y=f(x)$ 的图像（如图 1-19），图中曲线在 b 处是断开的，而在 $x\neq b$ 处都没有断开，是连续的. 在图形没有断开的地方，任取一个点 $x_0(\neq b)$. 当 $x\to x_0$ 时，从图形上看，$f(x)\to f(x_0)$，用极限的术语说就是，$\lim\limits_{x\to x_0}f(x)=f(x_0)$；但在 b 处则不然，当 $x\to b^-$ 时，$f(x)$ 并不接近 $f(b)$，就不具备上面的性质了.

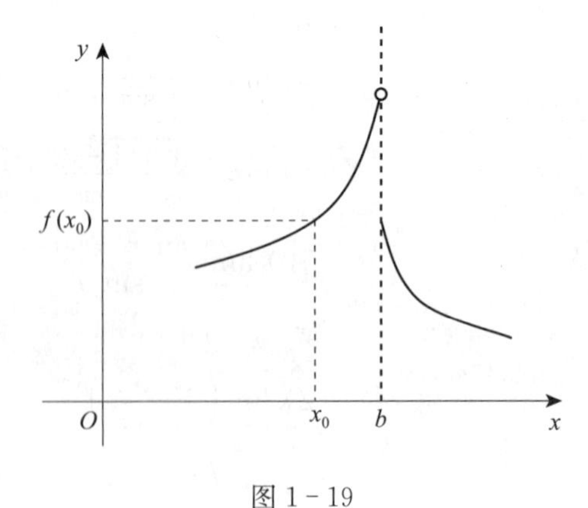

图 1-19

定义 1-8（函数在一点连续）　设 $f(x)$ 在包含 x_0 的某区间内有定义，若

$$\lim_{x \to x_0} f(x) = f(x_0)$$

则称函数 $f(x)$ 在点 x_0 处连续．

所谓函数 $y = f(x)$ 在点 x_0 连续，即要求函数 $y = f(x)$ 满足以下三条：

① 函数 $y = f(x)$ 在点 x_0 有定义；

② 极限 $\lim\limits_{x \to x_0} f(x)$ 存在；

③ 极限值与函数值相等，即 $\lim\limits_{x \to x_0} f(x) = f(x_0)$．

若这三个条件至少有一个不满足，则称函数 $f(x)$ 在点 x_0 处**间断**，并把 x_0 称为函数的间断点．

比如函数 $y = \dfrac{1}{x}$ 在点 $x = 0$ 处无定义，所以 $x = 0$ 是该函数的间断点．同理，$x=1$ 是函数 $y = \dfrac{x^2-1}{x-1}$ 的间断点．

易见，$\lim\limits_{x \to x_0} f(x) = f(x_0)$ 的充分必要条件是 $\lim\limits_{\Delta x \to 0} \Delta y = 0$，其中 $\Delta x = x - x_0$，$\Delta y = f(x) - f(x_0)$．

设函数 $y = f(x)$ 在点 x_0 连续，因为 $\lim\limits_{x \to x_0} x = x_0$，于是由函数连续性的定义 1-8 可得

$$\lim_{x \to x_0} f(x) = f(x_0) = f(\lim_{x \to x_0} x)$$

由此可得连续函数求极限的法则：连续函数在连续点处的极限值等于函数在该点的函数值，即对连续函数 $f(x)$ 而言，极限符号 lim 与函数符号 f 可以交换次序．

定义 1-9（右连续）　设 $f(x)$ 在区间 $[x_0, b)$ 上有定义，若 $\lim\limits_{x \to x_0^+} f(x) = f(x_0)$，则称函数 $f(x)$ 在点 x_0 处右连续．

定义 1-9′（左连续）　设 $f(x)$ 在区间 $(a, x_0]$ 上有定义，若 $\lim\limits_{x \to x_0^-} f(x) = f(x_0)$，则称函数 $f(x)$ 在点 x_0 处左连续．

由函数在某点极限存在的充分必要条件可得下面的定理．

定理 1-7　$f(x)$ 在点 x_0 处连续的充分必要条件是 $\lim\limits_{x \to x_0^-} f(x) = \lim\limits_{x \to x_0^+} f(x) = f(x_0)$．

【例 1-24】 考察以下函数在点 $x=0$ 处的连续性

(1) $f(x)=\begin{cases}2x+1, & x\geqslant 0\\ x+1, & x<0\end{cases}$ (2) $f(x)=\dfrac{x}{\tan x}, x\neq 0$

(3) $f(x)=\begin{cases}\dfrac{x}{\tan x}, & x\neq 0\\ 1, & x=0\end{cases}$

解 (1) $f(x)$在 $x=0$ 有定义，$\lim\limits_{x\to x_0^-}f(x)=\lim\limits_{x\to x_0^+}f(x)=f(x_0)=1$，所以 $f(x)$ 在点 $x=0$ 处连续.

(2) $f(x)$在 $x=0$ 处无定义，从而 $f(x)$ 在点 $x=0$ 处不连续.

(3) $f(x)$满足定义 1-8，即

$$\lim_{x\to 0}f(x)=\lim_{x\to 0}\frac{x}{\tan x}=f(0)=1$$

故 $f(x)$ 在点 $x=0$ 处连续.

1.3.2 连续函数的运算法则

由极限四则运算法则及连续定义，可得连续性的四则运算法则.

定理 1-8（四则运算的连续性） 若函数 $f(x)$、$g(x)$均在点 x_0 连续，则 $f(x)\pm g(x)$、$f(x)\cdot g(x)$及 $\dfrac{f(x)}{g(x)}(g(x_0)\neq 0)$ 都在点 x_0 连续.

定理 1-9（复合函数的连续性） 若函数 $u=\varphi(x)$ 在点 x_0 处连续，且 $\varphi(x_0)=u_0$，函数 $y=f(u)$ 在点 u_0 处连续，则复合函数 $y=f[\varphi(x)]$ 在点 x_0 处连续，即

$$\lim_{x\to x_0}f[\varphi(x)]=\lim_{u\to u_0}f(u)=f(u_0)=f[\varphi(x_0)]$$

连续函数的复合函数仍是连续函数.

对于前面学习过的基本初等函数，从图形上可以看出，它们的图像是连续不断的曲线. 因此，基本初等函数在其定义域内都是连续函数.

由基本初等函数的连续性、四则运算及复合函数的连续性易知，初等函数在其定义区间上都是连续的.

【例 1-25】 求极限 $\lim\limits_{x\to 1}\dfrac{x^2+\ln(2-x)}{4\arctan x}$.

解 因为 $x=1$ 是初等函数 $\dfrac{x^2+\ln(2-x)}{4\arctan x}$ 定义区间内的点，所以

$$\lim_{x\to1}\frac{x^2+\ln(2-x)}{4\arctan x}=\frac{1^2-\ln(2-1)}{4\arctan 1}=\frac{1}{\pi}$$

【例 1-26】 求极限 $\lim\limits_{x\to4}\dfrac{\sqrt{x}-2x+3}{\sqrt{25-x^2}+6}$.

解 $\lim\limits_{x\to4}\dfrac{\sqrt{x}-2x+3}{\sqrt{25-x^2}+6}=-\dfrac{1}{3}$

【例 1-27】 求极限 $\lim\limits_{x\to0}\dfrac{\ln(1+x)}{x}$.

解 原式$=\lim\limits_{x\to0}\ln(1+x)^{\frac{1}{x}}$，因为$\lim\limits_{x\to0}(1+x)^{\frac{1}{x}}=\mathrm{e}$，且 $\ln u$ 是连续函数，所以

$$原式=\ln\lim_{x\to0}(1+x)^{\frac{1}{x}}=\ln\mathrm{e}=1$$

类似可求极限

$$\lim_{x\to0}\frac{\log_a(1+x)}{x}=\frac{1}{\ln a}$$

由此例可知，当 $x\to0$ 时，$x\sim\ln(1+x)$.

【例 1-28】 求极限 $\lim\limits_{x\to0}\dfrac{a^x-1}{x}$.

解 令 $a^x-1=t$，则 $x=\log_a(1+t)$，当 $x\to0$ 时，有 $t\to0$，所以

$$原式=\lim_{t\to0}\frac{t}{\log_a(t+1)}=\lim_{t\to0}\frac{1}{\log_a(t+1)^{\frac{1}{t}}}=\frac{1}{\log_a\mathrm{e}}=\ln a$$

特别地

$$\lim_{x\to0}\frac{\mathrm{e}^x-1}{x}=1$$

这表明当 $x\to0$ 时，$x\sim\mathrm{e}^x-1$.

1.3.3 闭区间上连续函数的性质

下面不加证明地给出在闭区间上连续函数所具有的几个重要性质，这些性质常常用来作为分析问题的理论依据.

性质 1（最值定理） 若函数 $f(x)$ 在闭区间 $[a,b]$ 上连续，则 $f(x)$ 在 $[a,b]$ 上必有最大值和最小值，即函数 $f(x)$ 在 $[a,b]$ 上有界.

性质 2（介值定理） 设函数 $f(x)$ 在闭区间 $[a,b]$ 上连续，若实数 c 介于 $f(a)$ 及 $f(b)$ 之间，则必存在 $x_0\in(a,b)$，使得 $f(x_0)=c$.

性质3（零点定理） 若函数 $f(x)$ 在闭区间 $[a,b]$ 上连续，且在端点的函数值 $f(a)$ 和 $f(b)$ 符号相反，那么函数 $f(x)$ 在 (a,b) 内至少有一个零点，即至少存在一点 ξ $(a<\xi<b)$，使得 $f(\xi)=0$.

如果 $f(x)$ 在闭区间 $[a,b]$ 上连续函数，且 $f(a)\cdot f(b)<0$，那么方程 $f(x)=0$ 在 (a,b) 内至少有一个根.

【例1-29】 证明方程 $x^3-2x=1$ 在 $(1,2)$ 内至少有一实根.

证明 设 $f(x)=x^3-2x-1$，则易知 $f(x)$ 是 $[1,2]$ 上连续函数. 又 $f(1)=-2$，$f(2)=3$. 由零点定理知，在开区间 $(1,2)$ 内至少有一个零点，从而原方程在 $(1,2)$ 内至少有一实根.

习题 1.3

1. 指出下列函数的间断点.

(1) $f(x)=\dfrac{x}{1+x}$ (2) $f(x)=\begin{cases}2x+3, & x\geqslant 0\\ x+1, & x<0\end{cases}$

(3) $f(x)=\dfrac{|x|}{x}$ (4) $f(x)=x\sin\dfrac{1}{x}$

2. 当 a 取何值时，函数

$$f(x)=\begin{cases}\dfrac{\ln(1+ax)}{x}, & x>0\\ 1, & x\leqslant 0\end{cases}$$

在其定义域内连续，为什么？

3. 证明方程 $x^3-3x^2+1=0$ 在区间 $(0,1)$ 内至少有一个实根.

4. 利用函数的连续性求下列极限.

(1) $\lim\limits_{x\to 3\pi}\sin 3x$ (2) $\lim\limits_{x\to 3\pi}\cos 3x$

(3) $\lim\limits_{x\to 2}(3x^3-2x^2+x-1)$ (4) $\lim\limits_{x\to 0}(e^{2x}+2^x+1)$

(5) $\lim\limits_{x\to e}\dfrac{\ln x}{x}$ (6) $\lim\limits_{x\to 1}\arctan x$

总习题一

一、填空题

1. 已知 $f(x)=x^2+2$，$f(0)=$________，$f\left(\dfrac{1}{x}\right)=$________，$f(x+1)=$________.

2. 已知 $f(x)=x^2$，$g(x)=2^x$，$f(g(x))=$________.

3. 函数 $f(x)=\lg(4x-3)$ 的定义域是________.

4. 函数 $y=\sin^2 x^2$ 是由函数________复合而成的.

5. $\lim\limits_{x\to 0}\ln(1+x^2)=$________.

6. $f(x)=\begin{cases}\cos x, & x>0\\ x^2+1, & x\leqslant 0\end{cases}$，则 $\lim\limits_{x\to 0}f(x)=$________.

二、选择题

1. 设 $f(x)=\dfrac{\sqrt{x+1}}{x-4}$，则 $f(x)$ 的定义域是（　　）.

A. $[-1,4)\cup(4,+\infty)$　　B. $[-1,+\infty)$

C. $(-1,+\infty)$　　D. $(-1,4)\cup(4,+\infty)$

2. 下列函数在指定区间上有界的是（　　）.

A. $f(x)=2^x, x\in(-\infty,0)$　　B. $f(x)=\cot x, x\in\left(0,\dfrac{\pi}{2}\right)$

C. $f(x)=\ln x, x\in(0,1)$　　D. $f(x)=3x^2, x\in(0,+\infty)$

3. 函数 $f(x)=\dfrac{x-2}{x^2-4}$ 在点 $x=2$ 处（　　）.

A. 有定义　　B. 有极限　　C. 没有极限　　D. 连续

4. 当 $x\to 0$ 时，$\dfrac{1}{2}\sin x\cos x$ 是 x 的（　　）.

A. 低阶无穷小　　B. 高阶无穷小

C. 同阶无穷小　　D. 较低阶的无穷小量

5. 下列运算正确的是（　　）.

A. $\lim\limits_{x\to 0}\dfrac{\sin 2x}{x}=1$　　B. $\lim\limits_{x\to\infty}\dfrac{\sin x}{x}=1$

C. $\lim\limits_{x\to 0}\dfrac{\sin x}{x^2}=1$　　D. $\lim\limits_{x\to 0}\dfrac{\sin x^2}{x^2}=1$

6. 当 $x\to 0$ 时，$\sin\dfrac{1}{x}$（　　）.

A. 极限为0　　B. 极限为∞　　C. 有界变量　　D. 无界变量

7. 若函数

$$f(x)=\begin{cases}e^{\frac{1}{x}}, & x<0\\ \cos x+a, & x\geqslant 0\end{cases}$$

在 $x=0$ 处连续，则常数 $a=$（　　）.

A. 0　　B. 1　　C. -1　　D. -2

三、计算题

1. 求下列极限.

(1) $\lim\limits_{x \to 1} \dfrac{x^2-3x+2}{x-1}$　　(2) $\lim\limits_{x \to \infty} \dfrac{4x^4-3x^3+1}{2x^4+5x^2-6}$

(3) $\lim\limits_{x \to 2} \dfrac{2-\sqrt{x+2}}{2-x}$　　(4) $\lim\limits_{x \to 0} \dfrac{\sin 3x}{2x}$

(5) $\lim\limits_{x \to \infty} \left(1-\dfrac{3}{x}\right)^x$　　(6) $\lim\limits_{x \to 0} \dfrac{\tan x-\sin x}{x}$

(7) $\lim\limits_{x \to \infty} \left(\dfrac{x}{x-1}\right)^x$　　(8) $\lim\limits_{x \to 0} \dfrac{\tan x^3}{\sin x^3}$

(9) $\lim\limits_{x \to \infty} \left(\dfrac{\sin x}{x}+100\right)$　　(10) $\lim\limits_{x \to 0} \dfrac{x}{\tan 2x}$

2. 求下列函数的间断点,并说明理由.

(1) $y=\dfrac{1}{(x+3)^2}$　　(2) $y=(1+x)^{\frac{1}{x}}$

(3) $y=\dfrac{x^2-1}{x^2-3x+2}$

3. 函数 $f(x)=\begin{cases} x^2-1, & 0 \leqslant x \leqslant 1 \\ x+1, & x>1 \end{cases}$ 在 $x=\dfrac{1}{2}, x=1, x=2$ 处是否连续?

4. 求函数

$$f(x)=\begin{cases} -x^2, & x \leqslant -1 \\ 2x+1, & -1<x \leqslant 1 \\ 4-x, & x>1 \end{cases}$$

的连续区间.

5. 设

$$f(x)=\begin{cases} \dfrac{2}{x}\sin x, & x<0 \\ k, & x=0 \\ x\sin\dfrac{1}{x}+2, & x>0 \end{cases}$$

试确定 k 的值,使 $f(x)$ 在定义域内连续.

四、应用题

1. 某一玩具公司生产 x 件玩具将花费 $400+5\sqrt{x(x-4)}$ 元,如果每件玩具卖 48 元,求玩具公司生产 x 件玩具的获得的利润.

2. 假定某种疾病流行t天后，感染的人数N由$N=\frac{1\ 000\ 000}{1+5\ 000e^{-0.1t}}$给出，从长远考虑，将会有多少人染上这种病？

阅读材料一：函数概念的发展历史

1. 早期的函数概念——几何观念下的函数

17世纪，伽利略（Galileo，意大利，1564—1642年）在《两门新科学》一书中，用文字和比例的语言表达了函数的关系。1673年前后笛卡儿（Descartes，法国，1596—1650年）在他的解析几何中，已注意到一个变量对另一个变量的依赖关系，但因当时尚未意识到要提炼函数概念，因此直到17世纪后期牛顿、莱布尼茨建立微积分时还没有人明确函数的一般意义，大部分函数是被当作曲线来研究的。

1673年，莱布尼茨首次使用“function”（函数）表示“幂”，后来他用该词表示曲线上点的横坐标、纵坐标、切线长等曲线上点的有关几何量。与此同时，牛顿在微积分的讨论中使用“流量”来表示变量间的关系。

2. 18世纪的函数概念——代数观念下的函数

1718年，约翰·贝努利（J. Bernoulli，瑞士，1667—1748年）在莱布尼茨函数概念的基础上对函数概念进行了定义：“由任一变量和常数的任一形式所构成的量。”他的意思是凡变量x和常量构成的式子都叫做x的函数，并强调函数要用公式来表示。

1755年，欧拉（L. Euler，瑞士，1707—1783年）把函数定义为“如果某些变量，以某一种方式依赖于另一些变量，即当后面这些变量变化时，前面这些变量也随着变化，我们把前面的变量称为后面变量的函数。”

18世纪中叶欧拉给出了定义：“一个变量的函数是由这个变量和一些数即常数以任何方式组成的解析表达式。”他把约翰·贝努利给出的函数定义称为解析函数，并进一步把它区分为代数函数和超越函数，还考虑了“随意函数”。不难看出，欧拉给出的函数定义比约翰·贝努利的定义更普遍、更具有广泛意义。

3. 19世纪的函数概念——对应关系下的函数

1821年，柯西（Cauchy，法国，1789—1857年）从定义变量给出了定义：“在某些变数间存在着一定的关系，当一经给定其中某一变数的值，其他变数的值可随着而确定时，则将最初的变数叫自变量，其他各变数叫做函数。”在柯西的定义中，首先出现了自变量一词，同时指出对函数来说不一定要有解析表达式。不过他仍然认为函数关系可以用多个解析式来表示，这是一个很大的局限。

1822年，傅里叶（Fourier，法国，1768—1830年）发现某些函数已用曲线表示，也可以用一个式子表示或用多个式子表示，从而结束了函数概念是否以唯一一个式子表示的争论，把对函数的认识又推进了一个新层次。

1837 年，狄利克雷（Dirichlet，德国，1805—1859 年）突破了这一局限，认为怎样去建立 x 与 y 之间的关系无关紧要，他拓广了函数概念，指出："对于在某区间上的每一个确定的 x 值，y 都有一个或多个确定的值，那么 y 叫做 x 的函数。"这个定义避免了函数定义中对依赖关系的描述，以清晰的方式被所有数学家接受。这就是人们常说的经典函数定义。

等到康托（Cantor，德国，1845—1918 年）创立的集合论在数学中占有重要地位之后，维布伦（Veblen，美国，1880—1960 年）用"集合"和"对应"的概念给出了近代函数定义，通过集合概念把函数的对应关系、定义域及值域进一步具体化，且打破了"变量是数"的极限，变量可以是数，也可以是其他对象。

4. 现代的函数概念——集合论下的函数

1914 年，豪斯道夫（F. Hausdorff）在《集合论纲要》中用不明确的概念"序偶"来定义函数，其避开了意义不明确的"变量"、"对应"概念。库拉托夫斯基（Kuratowski）于 1921 年用集合概念来定义"序偶"，从而使豪斯道夫的定义更加严谨了。

1930 年，新的现代函数定义为"若对集合 M 的任意元素 x，总有集合 N 中确定的元素 y 与之对应，则称在集合 M 上定义了一个函数，记为 $y=f(x)$。元素 x 称为自变元，元素 y 称为因变元。"

术语函数、映射、对应、变换通常都有同一个意思，但函数只表示数与数之间的对应关系，映射还可表示点与点之间、图形之间等的对应关系。可以说函数包含于映射。

在中国清代，数学家李善兰（1811—1882 年）翻译的《代数学》一书中首次用中文把"function"翻译为"函数"，此译名沿用至今。对为什么这样翻译这个概念，书中的解释是"凡此变数中函彼变数者，则此为彼之函数"，这里的"函"是包含的意思。

阅读材料二：人物传记

数学天才——高斯

高斯（C. F. Gauss，1777—1855 年）是德国著名的数学家、物理学家和天文学家，生于不伦瑞克，卒于哥廷根。高斯不仅是一位卓越的古典数学家，同时也是近代数学的奠基者之一，他在古典数学与现代数学中起了继往开来的作用，与阿基米得和牛顿并列为历史上最伟大的三位数学家，被誉为"数学家之王"。

高斯在很小的时候就显示出了超常的数学才华。据传闻，3 岁时他就纠正了父亲计算工薪账目中的一个错误。另据记载，高斯 10 岁时，数学教师比特纳让学生把 1 到 100 之间的自然数加起来，老师刚布置完题目，高斯就把答案 5050 求了出来。他 11 岁时发现了二项式定理；15 岁进入卡罗林学院学习，发现了质数定理；17 岁发现了最小二乘法；18 岁在不伦瑞克公爵的资助下进入哥廷根大学学习，同年发现数论中的二次互反律，又称为“黄金律”；19 岁发现正 17 边形尺规作图法；21 岁完成了历史名著《算术研究》，并于该年大学毕业，次年取得博士学位。在博士论文中，他首次给出了代数基本定理的证明，因此开创了数学存在性证明的新时代。1804 年被选为英国皇家学会会员，同时还是法国科学院和其他许多科学院的院士。1807 年，高斯任哥廷根大学天文学教授和新天文台台长，直到逝世。

高斯在数学的许多领域都有重大的贡献。他是非欧几何的发现者之一、微分几何的开创者、近代数学论的奠基者，并且在超几何组数、复变函数论、椭圆函数论、统计数学、向量分析等方面都取得了显著的成果。他十分重视数学的应用，他的大量著作都与天文学和大地测量有关。高斯有句名言：“数学是科学的皇后，数论是数学的皇后”，贴切地表述了数学在科学中的关键作用。1830 年以后，他越来越多地从事物理学的研究，在电磁学和光学等方面做出了卓越的贡献。

高斯思维敏捷，立论极端谨慎。他遵循三条原则：“宁肯少些，但要好些”；“不留下进一步要做的事情”；“极度严格的要求”。他的著作都是精心构思、反复推敲过的，以最精练的形式发表出来，略去了分析和思考的过程，一般的学者很难掌握其思想方法。他有很多数学成果在生前没有公开发表，有的学者认为，如果高斯及早发表他的真知灼见，对后辈会有更大的启发，会更快地促进数学的发展。

高斯一生勤奋好学，多才多艺，喜爱音乐，嗜好唱歌和吟诗，擅长欧洲语言，深谙多国文字，62 岁始学俄语，两年后竟达到可读俄国文学名著的程度。高斯不爱旅行，除到柏林参加一次学术会议之外，终生都在哥廷根。高斯 1855 年 2 月 23 日逝世，葬于哥廷根近郊，墓碑朴实无华，仅镌刻“高斯”二字，平淡里深藏着隽永意蕴，无言中饱含着千秋业绩。出于对伟人的眷恋和怀念，他的故乡改名为高斯堡。在慕尼黑博物馆悬挂的高斯画像上，永久地铭刻着这样一首题诗：

他的思想深入数学、空间、大自然的奥秘，
他测量了星星和路径、地球的形状和自然力，
他推动了数学的进展，
直到下个世纪。

中国数学家——刘徽

刘徽（生于公元250年左右）是中国数学史上一个非常伟大的数学家，在世界数学史上也占有显著的地位。他的著作《九章算术注》和《海岛算经》，是我国最宝贵的数学遗产。

《九章算术》约成书于东汉之初，共有246个问题的解法。在许多方面，如解联立方程、分数四则运算、正负数运算、几何图形的体积面积计算等，都属于世界先进之列，但解法比较原始，且缺乏必要的证明，刘徽则对此均作了补充证明。在这些证明中，显示了他在多方面的创造性。他是世界上最早提出十进小数概念的人，并用十进小数来表示无理数的立方根。在代数方面，他正确地提出了正负数的概念及其加减运算的法则；改进了线性方程组的解法。在几何方面，提出了“割圆术”，即将圆周用内接或外切正多边形穷竭的一种求圆面积和圆周长的方法。他利用割圆术科学地求出了圆周率$\pi=3.14$的结果。刘徽在割圆术中提出的“割之弥细，所失弥少，割之又割以至于不可割，则与圆合体而无所失矣”，这可视为中国古代极限观念的佳作。

在《海岛算经》一书中，刘徽精心选编了九个测量问题，这些题目的创造性、复杂性和代表性，都在当时为西方所瞩目。

刘徽思想敏捷，方法灵活，既提倡推理又主张直观，他是我国最早明确主张用逻辑推理的方式来论证数学命题的人。

刘徽的一生是为数学刻苦探求的一生，他虽然地位低下，但人格高尚。他不是沽名钓誉的庸人，而是学而不厌的伟人，他给我们中华民族留下了宝贵的财富。

只有微分学才能使自然科学有可能用数学来不仅仅表明状态，并且也表明过程：运动．

——恩格斯

微积分学，或者数学分析，是人类思维的伟大成果之一，它处于自然科学与人文科学之间的地位，使它成为高等教育的一种特别有效的工具．

——柯朗

第 2 章　导数与微分

微分学是微积分学的重要内容，其基本概念是导数和微分．一元函数微分学主要研究函数的导数、微分及其应用，其基本思想是将函数在一点附近线性化，并由此提供关于函数的变化率和变化主部等重要信息．本章我们主要学习导数和微分的概念，掌握它们的计算方法及其在实际问题中的一些简单应用．

2.1　导数的概念

当研究函数的变化情况时，常常需要考察自变量从某一值变到另一值时函数值改变了多少．为了便于叙述和表达，下面先介绍增量的概念．

设自变量由某一值 x_0 变到另一值 x，就称它们的差 $x-x_0$（不论是正数还是负数）为自变量在 x_0 处的增量，记为

$$\Delta x = x - x_0$$

这时，函数值由 $f(x_0)$ 变为 $f(x)$，它们之差 $f(x)-f(x_0)$ 称为函数 $f(x)$ 在点 x_0 处的增量，记为

$$\Delta y = f(x) - f(x_0)$$

增量又称改变量．由于 x 可以改写为 $x_0+\Delta x$，因此函数的增量还可以写为

$$\Delta y = f(x_0 + \Delta x) - f(x_0)$$

当 x_0 固定时，Δy 是 Δx 的函数．比值

$$\frac{\Delta y}{\Delta x} = \frac{f(x_0 + \Delta x) - f(x_0)}{\Delta x}$$

称为函数 y 在 x_0 与 $x_0+\Delta x$ 之间的平均变化率．它也是 Δx 的函数．

2.1.1　几个实例

为了说明微积分的基本概念——导数，下面先讨论两个问题：切线问题和速度问题，这两个问题都与导数概念的形成有密切的关系．

1. 切线问题

切线的概念在中学已见过．从几何上看，曲线在某点的切线就是一条直线，它在该点和曲线相切．准确地说，曲线在某点 M 处的切线是其割线 MN 当点 N 沿曲线无限地接近于点 M 的极限位置．

现在，就函数 $y=f(x)$ 的曲线 C 来讨论切线问题．设 $M(x_0,y_0)$ 是曲线 C 上的一个点，如图 2-1 所示，则 $y_0=f(x_0)$．由上述定义，要求出曲线 C 在点 M 处的切线，只要求出切线的斜率就可以了．为此，在点 M 外另取 C 上的一点 $N(x,y)$，并设 $\Delta x=x-x_0$．

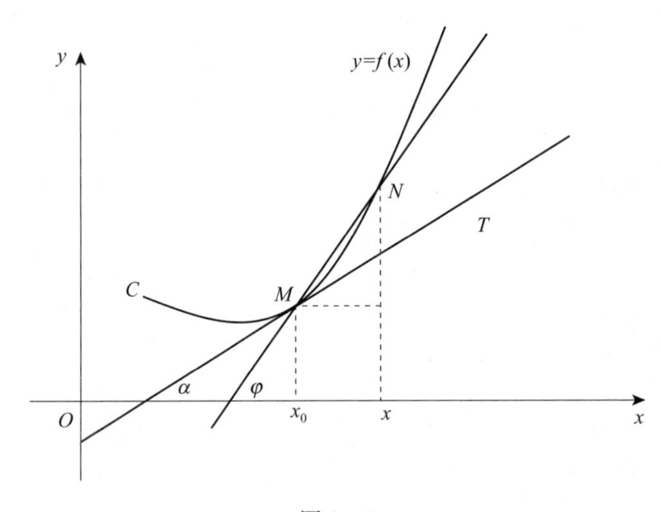

图 2-1

于是割线 MN 的斜率为

$$\tan\varphi=\frac{y-y_0}{x-x_0}=\frac{f(x)-f(x_0)}{x-x_0}=\frac{f(x_0+\Delta x)-f(x_0)}{\Delta x}$$

其中 φ 为割线 MN 的倾角．当点 N 沿曲线 C 趋于点 M 时，$x\to x_0$．如果当 $x\to x_0$ 时，上式的极限存在，设为 k，即

$$k=\lim_{x\to x_0}\frac{f(x)-f(x_0)}{x-x_0}=\lim_{\Delta x\to 0}\frac{f(x_0+\Delta x)-f(x_0)}{\Delta x}=\lim_{\Delta x\to 0}\frac{\Delta f}{\Delta x}$$

则此极限 k 是割线斜率的极限，也就是切线的斜率．于是，通过点 $M(x_0,f(x_0))$ 且以 k 为斜率的直线 MT 便是曲线 C 在点 M 处的切线．这里 $k=\tan\alpha$，α 是切线 MT 的倾角．事实上，由 $\angle NMT=\varphi-\alpha$ 及 $x\to x_0$ 时 $\varphi\to\alpha$，可知当 $x\to x_0$ 时（这时 $|MN|\to 0$，$\angle NMT\to 0$），直线 MT 确为曲线 C 在点 M 处的切线．

2. 瞬时速度

若质点做匀速直线运动，即质点在任一时刻的速度是相同的，则

$$速度=\frac{经过的路程}{所花的时间}$$

若质点做变速直线运动，设路程 s 是时间 t 的函数 $s=s(t)$，则它在时间区间 $[t,t+\Delta t](\Delta t>0)$ 上的平均速度为

$$\bar{v}=\frac{s(t+\Delta t)-s(t)}{\Delta t}$$

下面来求质点在时刻 t 的瞬时速度 $v(t)$．当 $|\Delta t|$ 很小时，速度的变化也很小，可以近似地看成质点是做匀速运动，此时 $\bar{v}$ 可以作为 $v(t)$ 的近似值，即

$$v(t)\approx\bar{v}=\frac{s(t+\Delta t)-s(t)}{\Delta t}$$

$|\Delta t|$ 越小，则近似值越接近瞬时速度，从而质点在时刻 t 的瞬时速度可以定义为 $\bar{v}$ 当 $\Delta t\to 0$ 时的极限（若极限存在），即

$$v(t)=\lim_{\Delta t\to 0}\bar{v}=\lim_{\Delta t\to 0}\frac{s(t+\Delta t)-s(t)}{\Delta t}=\lim_{\Delta t\to 0}\frac{\Delta s}{\Delta t}$$

进一步可以定义质点在时刻 t 时的加速度 a 为极限式

$$a(t)=\lim_{\Delta t\to 0}\frac{v(t+\Delta t)-v(t)}{\Delta t}=\lim_{\Delta t\to 0}\frac{\Delta v}{\Delta t}$$

虽然上面两例的实际意义不同，但它们的数学结构完全相同，都可以归结为函数增量与自变量增量比值的极限问题（即函数在一点的变化率或瞬时变化率）．这种极限是什么？作为一个数学概念，人们称其为函数 $f(x)$ 在点 x_0 的导数，下面将通过对导数解析性质的研究透视函数的几何性态．

2.1.2 导数的定义

1. 函数在一点处的导数

定义 2-1 设函数 $y=f(x)$ 在点 x_0 的某邻域内有定义，当自变量 x 在点 x_0 处取得增量 Δx（$x_0+\Delta x$ 仍在该邻域内）时，相应的函数取得增量 $\Delta y=f(x_0+\Delta x)-f(x_0)$，若极限

$$\lim_{\Delta x \to 0} \frac{f(x_0 + \Delta x) - f(x_0)}{\Delta x} = \lim_{\Delta x \to 0} \frac{\Delta y}{\Delta x}$$

存在，则称函数 $y = f(x)$ 在点 x_0 处可导，并称此极限值为 $f(x)$ 在点 x_0 处的导数，记作

$$f'(x_0), y'|_{x=x_0}, \left.\frac{\mathrm{d}y}{\mathrm{d}x}\right|_{x=x_0} \text{或} \left.\frac{\mathrm{d}f}{\mathrm{d}x}\right|_{x=x_0}$$

即

$$f'(x_0) = \lim_{\Delta x \to 0} \frac{f(x_0 + \Delta x) - f(x_0)}{\Delta x}$$

若极限不存在，就说函数 $y = f(x)$ 在点 x_0 处不可导．

$f'(x_0)$ 是与点 x_0 和对应关系 f' 有关系的一个数，与自变量的具体形式无关，导数的常见形式还有以下两种．

① 若令 $h=\Delta x$，$x=x_0+h$，则

$$f'(x_0) = \lim_{h \to 0} \frac{f(x_0 + h) - f(x_0)}{h}$$

② 若令 $x_0+\Delta x=x$，则

$$f'(x_0) = \lim_{x \to x_0} \frac{f(x) - f(x_0)}{x - x_0}$$

【例 2-1】 计算函数 $y = x^2$ 在点 $x = 2$ 处的导数．

解 由导数定义，有

$$f'(2) = \lim_{\Delta x \to 0} \frac{f(2 + \Delta x) - f(2)}{\Delta x} = \lim_{\Delta x \to 0} \frac{(2 + \Delta x)^2 - 2^2}{\Delta x}$$

$$= \lim_{\Delta x \to 0} \frac{\Delta x(4 + \Delta x)}{\Delta x} = \lim_{\Delta x \to 0}(4 + \Delta x) = 4$$

2. 左导数与右导数

根据函数 $f(x)$ 在点 x_0 处导数的定义，导数

$$f'(x_0) = \lim_{\Delta x \to 0} \frac{f(x_0 + \Delta x) - f(x_0)}{\Delta x}$$

是一个极限值，而函数在某点极限存在的充要条件是函数在该点左右极限都存在且相等，因此 $f'(x_0)$ 存在，即 $f(x)$ 在点 x_0 处可导的充要条件是左右极限

$$\lim_{\Delta x \to 0^-} \frac{f(x_0+\Delta x)-f(x_0)}{\Delta x} \text{ 及 } \lim_{\Delta x \to 0^+} \frac{f(x_0+\Delta x)-f(x_0)}{\Delta x}$$

都存在且相等．这两个极限分别称为函数 $f(x)$ 在点 x_0 处的左导数和右导数．

下面给出函数在某点单侧导数的定义．

定义 2－2　设函数 $y=f(x)$ 在点 x_0 的某邻域内有定义，若极限 $\lim\limits_{\Delta x \to 0^-} \frac{\Delta y}{\Delta x}$ 存在，则称 $f(x)$ 在点 x_0 左可导，且称此极限值为 $f(x)$ 在点 x_0 处的左导数，记作 $f'_-(x_0)$；若极限 $\lim\limits_{\Delta x \to 0^+} \frac{\Delta y}{\Delta x}$ 存在，则称 $f(x)$ 在点 x_0 右可导，并称此极限值为 $f(x)$ 在点 x_0 处的右导数，记作 $f'_+(x_0)$，即

$$f'_-(x_0)=\lim_{\Delta x \to 0^-} \frac{f(x_0+\Delta x)-f(x_0)}{\Delta x}$$

$$f'_+(x_0)=\lim_{\Delta x \to 0^+} \frac{f(x_0+\Delta x)-f(x_0)}{\Delta x}$$

根据单侧极限与极限的关系，可以得到如下定理．

定理 2－1　函数 $f(x)$ 在点 x_0 处可导的充分必要条件是 $f(x)$ 在点 x_0 既左可导又右可导，且 $f'_-(x_0)=f'_+(x_0)$．

左导数和右导数统称为单侧导数．如果函数 $y=f(x)$ 在开区间 $I=(a,b)$内的每一点处都可导，则称函数 $f(x)$ 在开区间 (a,b) 内可导．如果函数 $f(x)$ 在开区间 (a,b) 内可导，且 $f'_+(a)$ 及 $f'_-(b)$ 都存在，就说 $f(x)$ 在闭区间 $[a,b]$ 上可导．

若函数 $y=f(x)$ 在开区间 I 内每一点都可导，则对每一个 $x\in I$，都有导数 $f'(x)$ 与之相对应，从而在 I 内确定了一个新的函数，称为 $y=f(x)$ 的**导函数**，记作

$$f'(x),y',\frac{\mathrm{d}y}{\mathrm{d}x} \text{ 或} \frac{\mathrm{d}f(x)}{\mathrm{d}x}$$

在定义 2－1 中把 x_0 换成 x，即得导函数的定义

$$f'(x)=\lim_{\Delta x \to 0} \frac{f(x+\Delta x)-f(x)}{\Delta x},x\in I$$

于是导数 $f'(x_0)=f'(x)\big|_{x=x_0}$．以后在不至于混淆的地方把导函数称为导数．

2.1.3　导数的几何意义

由切线问题可知，函数 $y=f(x)$ 在点 x_0 处的导数 $f'(x_0)$ 在几何上表示曲线 $y=f(x)$

在点 $(x_0, f(x_0))$ 处的切线的斜率 k，即

$$k = f'(x_0)$$

曲线 $y = f(x)$ 在点 (x_0, y_0) 处的切线方程为

$$y - y_0 = f'(x_0)(x - x_0)$$

法线方程为

$$y - y_0 = -\frac{1}{f'(x_0)}(x - x_0) \quad (f'(x_0) \neq 0)$$

【例 2-2】 求曲线 $y = 4x^3$ 在点 $(1,4)$ 处的切线方程和法线方程．

解 函数 $y=4x^3$ 的导数 $y'=12x^2$，在 $x=1$ 处的导数 $y'|_{x=1}=12$. 根据导数的几何意义，曲线 $y = 4x^3$ 在点 $(1,4)$ 处的切线斜率为 12. 故切线方程为

$$y - 4 = 12(x - 1)$$

即

$$12x - y - 8 = 0$$

法线方程为

$$y - 4 = -\frac{1}{12}(x - 1)$$

即

$$x + 12y - 49 = 0$$

2.1.4 可导与连续

【例 2-3】 讨论连续函数 $f(x) = |x|$ 在点 $x = 0$ 处的可导性．

解 由于

$$\lim_{\Delta x \to 0} \frac{f(0 + \Delta x) - f(0)}{\Delta x} = \lim_{\Delta x \to 0} \frac{|\Delta x|}{\Delta x}$$

而 $f'_-(0)=-1$，$f'_+(0)=1$，二者不相等，故 $f(x) = |x|$ 在点 $x = 0$ 处不可导．

由此说明，函数在一点连续但不一定在该点可导．

> **定理 2-2** 若函数 $y = f(x)$ 在点 x_0 处可导，则它在点 x_0 处连续．

证明 $\lim\limits_{x \to x_0} \Delta y = \lim\limits_{x \to x_0} [f(x) - f(x_0)]$

$$= \lim_{x \to x_0}\left[\frac{f(x)-f(x_0)}{x-x_0}\cdot(x-x_0)\right]$$

$$= \lim_{x \to x_0}\frac{f(x)-f(x_0)}{x-x_0}\cdot\lim_{x \to x_0}(x-x_0) = f'(x_0)\cdot 0 = 0$$

即

$$\lim_{x \to x_0} f(x) = f(x_0)$$

所以 $y = f(x)$ 在点 x_0 连续．

由上述例题和定理可知，函数在一点连续与可导的关系是：函数在该点可导必连续，但函数在该点连续未必可导，即函数在某点可导是函数在该点连续的充分非必要条件．

函数的可导性用于刻画函数的局部（良好）性态，它比函数连续性的要求更高．从几何直观看，函数的连续性仅指曲线的连接性，而函数的可导性则表现为曲线的光滑性（即曲线有切线）．

【例 2　4】　求函数 $f(x) = x$ 的导数．

解　因为

$$\frac{\Delta y}{\Delta x} = \frac{f(x+\Delta x)-f(x)}{\Delta x}$$

$$= \frac{x+\Delta x - x}{\Delta x} = 1$$

所以

$$y' = \lim_{\Delta x \to 0}\frac{\Delta y}{\Delta x} = \lim_{\Delta x \to 0} 1 = 1$$

习题 2.1

1. 选择题

(1) 所谓 $f(x)$ 在点 x_0 可导，是指（　　）．

A. 极限 $\lim\limits_{x \to x_0} f(x)$ 存在

B. 极限 $\lim\limits_{x \to x_0}\dfrac{f(x)-f(x_0)}{x-x_0}$ 存在

C. 极限 $\lim\limits_{\Delta x \to 0^+}\dfrac{f(x_0+\Delta x)-f(x_0)}{\Delta x}$ 存在

D. 极限 $\lim\limits_{\Delta x \to 0^-}\dfrac{f(x_0+\Delta x)-f(x_0)}{\Delta x}$ 存在

(2) 设 $f(x)$ 在点 x_0 可导，则 $\lim\limits_{\Delta x\to 0}\dfrac{f(x_0)-f(x_0-\Delta x)}{\Delta x}=$（　　）．

A. $-f'(x_0)$　　B. $-2f'(x_0)$　　C. $2f'(x_0)$　　D. $f'(x_0)$

(3) 函数 $f(x)$ 在点 x_0 处可导是该函数在点 x_0 处连续的（　　）．

A. 充分条件　　B. 必要条件

C. 充要条件　　D. 既非充分也非必要条件

(4) 函数 $f(x)=|x-1|$ 在点 $x=1$ 处满足（　　）．

A. 连续但不可导　　B. 可导但不连续

C. 不连续也不可导　　D. 连续且可导

2. 填空题

(1) 设 $f(x)$ 在点 x_0 可导，则极限 $\lim\limits_{\Delta x\to 0}\dfrac{f(x_0+\Delta x)-f(x_0-\Delta x)}{\Delta x}=$________．

(2) 曲线 $y=x^3$ 在 $x=\pm 2$ 处的切线斜率等于________．

3. 计算题

讨论函数 $y=f(x)=\begin{cases} x\sin\dfrac{1}{x}, & x\neq 0 \\ 0, & x=0 \end{cases}$ 在点 $x=0$ 处的连续性与可导性．

2.2　导数的基本公式和运算法则

导数定义本身给出了求导数的最基本的方法，但由于导数是用极限来定义的，所以求导数总是归结到求极限，这在运算上很麻烦，有时甚至很困难．为了能够较快地求出某些函数的导数，这一节给出基本初等函数的导数公式和导数的四则运算法则．

2.2.1　几个基本初等函数的导数

下面利用导数的定义来导出几个基本初等函数的导数公式．

【例 2-5】　求函数 $f(x)=C$（C 为常数）在点 x 处的导数．

解　根据导数定义，因为

$$\frac{\Delta y}{\Delta x}=\frac{f(x+\Delta x)-f(x)}{\Delta x}=\frac{C-C}{\Delta x}=0$$

所以

$$y'=\lim_{\Delta x\to 0}\frac{\Delta y}{\Delta x}=\lim_{\Delta x\to 0}0=0$$

【例 2-6】　证明 $(x^n)'=nx^{n-1}$，n 为正整数．

证明 设 $y=x^n$，则

$$\Delta y=(x+\Delta x)^n-x^n$$
$$=nx^{n-1}\Delta x+\frac{n(n-1)}{2}x^{n-2}(\Delta x)^2+\cdots+(\Delta x)^n$$

所以

$$\lim_{\Delta x\to 0}\frac{\Delta y}{\Delta x}=\lim_{\Delta x\to 0}\left(nx^{n-1}+\frac{n(n-1)}{2}x^{n-2}(\Delta x)+\cdots+(\Delta x)^{n-1}\right)=nx^{n-1}$$

即

$$(x^n)'=nx^{n-1}$$

当幂函数的指数不是正整数 n 而是任意实数 μ 时，也有形式完全相同的公式

$$(x^\mu)'=\mu x^{\mu-1}(x>0)$$

特别地，取 μ——1，$\frac{1}{2}$时，有

$$\left(\frac{1}{x}\right)'=-\frac{1}{x^2}\text{，}(\sqrt{x})'=\frac{1}{2\sqrt{x}}$$

【例 2-7】 证明$(a^x)'=a^x\ln a$（$a>0$，$a\neq 1$）.

证明

$$(a^x)'=\lim_{\Delta x\to 0}\frac{a^{x+\Delta x}-a^x}{\Delta x}$$
$$=a^x\lim_{\Delta x\to 0}\frac{a^{\Delta x}-1}{\Delta x}$$
$$=a^x\ln a.$$

【例 2-8】 证明 $(\sin x)'=\cos x$.

证明

$$(\sin x)'=\lim_{\Delta x\to 0}\frac{\sin(x+\Delta x)-\sin x}{\Delta x}$$
$$=\lim_{\Delta x\to 0}\frac{2\sin\frac{\Delta x}{2}\cos(x+\frac{\Delta x}{2})}{\Delta x}$$
$$=\cos x$$

同理可证

$$(\cos x)'=-\sin x$$

对于分段表示的函数，求它的导函数时需要分段进行，在分点处的导数，则通过讨论它的单侧导数以确定它的存在性.

【例 2-9】 已知 $f(x)=\begin{cases}\sin x, & x<0\\ x, & x\geqslant 0\end{cases}$ 求 $f'(x)$.

解 当 $x<0$ 时，$f'(x)=(\sin x)'=\cos x$；当 $x>0$ 时，$f'(x)=(x)'=1$；当 $x=0$ 时，由于

$$f'_-(0)=\lim_{x\to 0^-}\frac{\sin x-0}{x}=1, f'_+(0)=\lim_{x\to 0^+}\frac{x-0}{x}=1$$

所以

$$f'(0)=1$$

于是得

$$f'(x)=\begin{cases}\cos x, & x<0\\ 1, & x\geqslant 0\end{cases}$$

一般地说，用定义求函数导数可分为以下 4 个步骤．

① 给出自变量增量 Δx.

② 算出函数增量 $\Delta y=f(x+\Delta x)-f(x)$.

③ 求变化率 $\dfrac{\Delta y}{\Delta x}=\dfrac{f(x+\Delta x)-f(x)}{\Delta x}$.

④ 求极限 $\lim\limits_{\Delta x\to 0}\dfrac{\Delta y}{\Delta x}$.

2.2.2 求导法则

下面再根据导数的定义，推出几个主要的求导法则——导数的四则运算法则、反函数的导数与复合函数的导数．借助于这些法则和上节导出的几个基本初等函数的导数公式，求出其余的基本初等函数的导数公式，并在此基础上解决初等函数的求导问题．

1. 导数的四则运算法则

定理 2-3 设函数 $u(x)$ 与 $v(x)$ 都在点 x 处可导，则它们的和、差、积、商（分母不为零）在点 x 处仍可导，并且

(1) $[u(x)\pm v(x)]'=u'(x)\pm v'(x)$；

(2) $[u(x)v(x)]'=u'(x)v(x)+u(x)v'(x)$，

特别地，$[ku(x)]'=k[u(x)]'$（即求导数时，常数因子可以提出来）；

(3) $\left[\dfrac{u(x)}{v(x)}\right]'=\dfrac{u'(x)v(x)-u(x)v'(x)}{v^2(x)}\quad(v(x)\neq 0)$.

证明 仅对（2）、（3）进行证明．

（2）令 $y=u(x)\cdot v(x)$，则

$$\begin{aligned}\Delta y &= [u(x+\Delta x)v(x+\Delta x)]-[u(x)v(x)]\\ &= u(x+\Delta x)v(x+\Delta x)-u(x)v(x+\Delta x)+u(x)v(x+\Delta x)-u(x)v(x)\\ &= [u(x+\Delta x)-u(x)]v(x+\Delta x)+u(x)[v(x+\Delta x)-v(x)]\end{aligned}$$

$$\frac{\Delta y}{\Delta x}=\frac{u(x+\Delta x)-u(x)}{\Delta x}v(x+\Delta x)+u(x)\ \frac{v(x+\Delta x)-v(x)}{\Delta x}$$

$$\lim_{\Delta x\to 0}\frac{\Delta y}{\Delta x}=\lim_{\Delta x\to 0}\frac{u(x+\Delta x)-u(x)}{\Delta x}\lim_{\Delta x\to 0}v(x+\Delta x)+u(x)\lim_{\Delta x\to 0}\frac{v(x+\Delta x)-v(x)}{\Delta x}$$

即

$$[u(x)v(x)]'=u'(x)v(x)+u(x)v'(x)$$

（3）令 $y=\dfrac{u(x)}{v(x)}$，则

$$\begin{aligned}\Delta y &= \frac{u(x+\Delta x)}{v(x+\Delta x)}-\frac{u(x)}{v(x)}\\ &= \frac{u(x+\Delta x)v(x)-u(x)v(x+\Delta x)}{v(x)v(x+\Delta x)}\\ &= \frac{[u(x+\Delta x)-u(x)]v(x)-u(x)[v(x+\Delta x)-v(x)]}{v(x)v(x+\Delta x)}\end{aligned}$$

$$\frac{\Delta y}{\Delta x}=\left[\frac{u(x+\Delta x)-u(x)}{\Delta x}v(x)-u(x)\ \frac{v(x+\Delta x)-v(x)}{\Delta x}\right]\frac{1}{v(x)v(x+\Delta x)}$$

$$\begin{aligned}\lim_{\Delta x\to 0}\frac{\Delta y}{\Delta x} &= \left[\left(\lim_{\Delta x\to 0}\frac{u(x+\Delta x)-u(x)}{\Delta x}\right)v(x)-\right.\\ &\qquad \left. u(x)\left(\lim_{\Delta x\to 0}\frac{v(x+\Delta x)-v(x)}{\Delta x}\right)\right]\frac{1}{v(x)\lim\limits_{\Delta x\to 0}v(x+\Delta x)}\\ &= \frac{u'(x)v(x)-u(x)v'(x)}{v^2(x)}\end{aligned}$$

注 ① 和与差的求导法则可以推广到任意有限多个函数的情形，即

$$[u_1(x)\pm u_2(x)\pm\cdots\pm u_n(x)]'=u_1'(x)\pm u_2'(x)\pm\cdots\pm u_n'(x)$$

② 积的求导法则也可以推广到任意有限个可导函数的连乘积，例如

$$[u(x)v(x)w(x)]'=u'vw+uv'w+uvw'$$

③ 特别地，在商的求导法则中，令 $u(x)\equiv 1$，即得

$$\left[\frac{1}{v(x)}\right]'=-\frac{v'(x)}{v^2(x)}$$

【例 2-10】 求下列初等函数的导数.

（1）$y=e^x+5\ln x+\arctan 3$

（2）$y=\dfrac{1+x+x^2}{x}$

解 （1）$y'=(e^x)'+(5\ln x)'+(\arctan 3)'=e^x+\dfrac{5}{x}+0=e^x+\dfrac{5}{x}$

（2）$y'=\left(\dfrac{1}{x}+1+x\right)'=\left(\dfrac{1}{x}\right)'+(1)'+(x)'=\dfrac{-1}{x^2}+1=\dfrac{x^2-1}{x^2}$

2. 反函数的导数

定理 2-4 设 $y=f(x)$ 为 $x=\varphi(y)$ 的反函数. 如果 $x=\varphi(y)$ 在某区间 I_y 内严格单调、可导且 $\varphi'(y)\neq 0$，则它的反函数 $y=f(x)$ 也在对应的区间 I_x 内可导，且有

$$f'(x)=\frac{1}{\varphi'(y)} \text{ 或 } \frac{dy}{dx}=\frac{1}{\dfrac{dx}{dy}}$$

证明 任取 $x\in I_x$ 及 $\Delta x\neq 0$，使 $x+\Delta x\in I_x$. 依假设 $y=f(x)$ 在区间 I_x 内也严格单调，因此

$$\Delta y=f(x+\Delta x)-f(x)\neq 0$$

又由假设知 $f(x)$ 在 x 连续，故当 $\Delta x\to 0$ 时 $\Delta y\to 0$. 而 $x=\varphi(y)$ 可导且 $\varphi'(y)\neq 0$，所以

$$\lim_{\Delta x\to 0}\frac{\Delta y}{\Delta x}=\frac{1}{\lim\limits_{\Delta y\to 0}\dfrac{\Delta x}{\Delta y}}=\frac{1}{\varphi'(y)}$$

即 $y=f(x)$ 在 x 可导，并且 $f'(x)=\dfrac{1}{\varphi'(y)}$ 或 $\dfrac{dy}{dx}=\dfrac{1}{\dfrac{dx}{dy}}$ 成立.

【例 2-11】求 $y=\arcsin x$ 的导数.

解 由于 $y=\arcsin x$，$x\in(-1,1)$ 为 $x=\sin y$，$y\in\left(-\dfrac{\pi}{2},\dfrac{\pi}{2}\right)$ 的反函数，且当 $y\in\left(-\dfrac{\pi}{2},\dfrac{\pi}{2}\right)$ 时，$(\sin y)'=\cos y>0$. 所以由公式得

$$(\arcsin x)'=\frac{1}{(\sin y)'}=\frac{1}{\cos y}=\frac{1}{\sqrt{1-\sin^2 y}}=\frac{1}{\sqrt{1-x^2}}$$

同理可得

$$(\arccos x)' = -\frac{1}{\sqrt{1-x^2}}$$

$$(\arctan x)' = \frac{1}{1+x^2}$$

$$(\operatorname{arccot} x)' = -\frac{1}{1+x^2}$$

【例 2-12】　求对数函数 $y=\log_a x$ $(a>0,\ a\neq 1)$ 的导数.

解　由于 $y=\log_a x, x\in(0,+\infty)$ 是 $x=a^y, y\in(-\infty,+\infty)$ 的反函数，因此

$$(\log_a x)' = \frac{1}{(a^y)'} = \frac{1}{a^y \ln a} = \frac{1}{x\ln a}$$

特别地，自然对数的导数为

$$(\ln x)' = \frac{1}{x}$$

3. 复合函数的导数

我们经常遇到的函数大多是由几个基本初等函数复合而形成的函数，因此有必要建立复合函数的求导法则.

首先分析一个简单的例子.

【例 2-13】　已知 $y=\sin 2x$，求 y 对 x 的导数.

解　因为 $\sin 2x$ 不能直接用公式求导，因此考虑将 $\sin 2x$ 变形为

$$\sin 2x = 2\sin x \cdot \cos x$$

然后用两个函数乘积的求导法则，得

$$\begin{aligned}(\sin 2x)' &= (2\sin x \cdot \cos x)' \\ &= 2(\cos x \cdot \cos x - \sin x \cdot \sin x) \\ &= 2(\cos^2 x - \sin^2 x) = 2\cos 2x\end{aligned}$$

函数 $y=\sin 2x$ 可以看作是由 $y=\sin u$ 和 $u=2x$ 复合而成的复合函数，而$\frac{\mathrm{d}y}{\mathrm{d}u}=\cos u$，$\frac{\mathrm{d}u}{\mathrm{d}x}=2$，由上述计算结果$(\sin 2x)'=2\cos 2x$，有

$$\frac{\mathrm{d}y}{\mathrm{d}x} = (\sin 2x)' = 2\cos 2x = 2\cos u = \frac{\mathrm{d}y}{\mathrm{d}u}\cdot\frac{\mathrm{d}u}{\mathrm{d}x}$$

上述结果对于这个特殊例子：$y=\sin 2x$ 是成立的，那么对于一般的可微函数 $y=f(u)$，$u=\varphi(x)$复合而成的函数 $y=f(\varphi(x))$，是否仍有 $\frac{\mathrm{d}y}{\mathrm{d}x}=\frac{\mathrm{d}y}{\mathrm{d}u}\cdot\frac{\mathrm{d}u}{\mathrm{d}x}$ 呢？下面的法则

证实这一想法是正确的．

定理 2-5 若函数 $u=\varphi(x)$ 在点 x 处可导，$y=f(u)$ 在 $u=\varphi(x)$ 处可导，则复合函数 $y=f(\varphi(x))$ 在点 x 处可导，且有以下求导公式

$$\frac{\mathrm{d}y}{\mathrm{d}x}=\frac{\mathrm{d}y}{\mathrm{d}u}\cdot\frac{\mathrm{d}u}{\mathrm{d}x}=f'(u)\cdot\varphi'(x)$$

复合函数的求导法则又称为链式法则．由链式法则知，函数对自变量的导数等于函数对中间变量的导数乘以中间变量对自变量的导数．因此，在对复合函数求导时，首先需要熟练引入中间变量，把复合函数分解成一串简单的函数，再用链式法则求导，最后把中间变量用自变量的函数代替．

【例 2-14】 求函数 $y=\ln x^2(x>0)$ 的导数．

解 方法一：由 $y=\ln x^2=2\ln x$，得到

$$y'=(2\ln x)'=\frac{2}{x}$$

方法二：令 $y=\ln u$，$u=x^2$，则

$$\begin{aligned}\frac{\mathrm{d}y}{\mathrm{d}x}&=\frac{\mathrm{d}y}{\mathrm{d}u}\cdot\frac{\mathrm{d}u}{\mathrm{d}x}\\&=(\ln u)'\cdot(x^2)'=\frac{1}{u}\cdot 2x\\&=\frac{1}{x^2}\cdot 2x=\frac{2}{x}\end{aligned}$$

以上两种方法，方法二验证了定理 2-5 中公式的正确性，但显然方法一比方法二简单．可见，求函数的导数时，如果函数可以化简，则化简后再求导．

熟练掌握复合函数分解和求导法则后，可以不必引入中间变量，只要心中有数，**分解一层，求导一层，“剥皮式”**的直到自变量为止．

【例 2-15】 求下列函数的导数．

(1) $y=\sin 7x$　　(2) $y=\ln(1+\tan x)$

(3) $y=\sqrt{1+\sqrt{1+x}}$

解 (1) $y'=(\sin 7x)'=\cos 7x\cdot(7x)'=7\cos 7x$

(2) $y'=[\ln(1+\tan x)]'=\dfrac{1}{1+\tan x}\cdot(1+\tan x)'=\dfrac{1}{1+\tan x}\cdot\sec^2 x$

(3) $y'=\left(\sqrt{1+\sqrt{1+x}}\right)'=\dfrac{1}{2\sqrt{1+\sqrt{1+x}}}\cdot(1+\sqrt{1+x})'$

$=\dfrac{1}{4}\cdot\dfrac{1}{\sqrt{1+\sqrt{1+x}}}\cdot\dfrac{1}{\sqrt{1+x}}$

【例 2-16】 求幂函数 $y=x^{\mu}$（$x>0$，μ 为任意实数）的导数．

解 由于 $y=x^{\mu}=e^{\mu\ln x}$ 可以看作由指数函数 $y=e^{u}$ 与对数函数 $u=\mu\ln x$ 复合而成的函数，故按公式有

$$y'=e^{u}\cdot\mu\cdot\frac{1}{x}=\mu e^{\mu\ln x}\cdot\frac{1}{x}=\mu x^{\mu-1}$$

即

$$(x^{\mu})'=\mu x^{\mu-1}(x>0)$$

常数和基本初等函数的导数公式如表 2-1 所示．

表 2-1

函　　数	导　　数
$y=C$	$y'=0$
$y=x^{n}(n\in\mathbf{R})$	$y'=nx^{n-1}$
$y=a^{x}$	$y'=a^{x}\cdot\ln a(a>0)$
$y=e^{x}$	$y'=e^{x}$
$y=\log_{a}x(a>0$ 且 $a\neq 1)$	$y'=\dfrac{1}{x\ln a}$
$y=\ln x$	$y'=\dfrac{1}{x}$
$y=\sin x$	$y'=\cos x$
$y=\cos x$	$y'=-\sin x$
$y=\tan x$	$y'=\sec^{2}x$
$y=\cot x$	$y'=-\csc^{2}x$
$y=\sec x$	$y'=\sec x\tan x$
$y=\csc x$	$y'=-\csc x\cot x$
$y=\arcsin x$	$y'=\dfrac{1}{\sqrt{1-x^{2}}}$
$y=\arccos x$	$y'=-\dfrac{1}{\sqrt{1-x^{2}}}$
$y=\arctan x$	$y'=\dfrac{1}{1+x^{2}}$
$y=\text{arccot}\, x$	$y'=-\dfrac{1}{1+x^{2}}$

习题 2.2

1. 设 $f(x)=x^2-2\ln x$，求使得 $f'(x)=0$ 的 x.

2. 运用四则运算求下列函数的导数.

(1) $y=4x^2+3x+1$　　(2) $y=4e^x+3e+1$

(3) $y=x+\ln x+1$　　(4) $y=\sin x+x+1$

(5) $y=2\cos x+3x$　　(6) $y=2^x+3^x$

(7) $y=\log_2 x+x^2$

3. 求下列函数在给定点处的导数.

(1) $y=\sin x-\cos x$，求 $y'|_{x=\frac{\pi}{4}}$；

(2) $f(x)=x^2\sin(x-2)$，求 $f'(2)$.

4. 求下列复合函数的导数.

(1) $y=4(x+1)^2+(3x+1)^2$　　(2) $y=\ln(\sin e^x)$

(3) $y=(2x^2+1)^{20}$　　(4) $y=\arctan 2x$

(5) $y=\cos 8x$　　(6) $y=e^x\sin 2x$

5. 求曲线 $y=x(\ln x-1)$ 在点 $(e,0)$ 处的切线方程.

2.3 高阶导数

从前面的一些练习中已经看到，当 x 变动时，$f(x)$的导数 $f'(x)$ 仍是 x 的函数. 例如

$$f(x)=x^4-5x+\ln x$$

则

$$f'(x)=4x^3-5+\frac{1}{x}$$

因而可将 $f'(x)$ 再次对 x 求导，得

$$(f'(x))'=12x^2-\frac{1}{x^2}$$

所得出的结果 $(f'(x))'$ 如果存在，就称为 $f(x)$ 的**二阶导数**. 类似地，可以定义三阶、四阶…导数.

二阶及二阶以上的导数统称为**高阶导数**，下面给出其精确定义.

定义 2-3　函数 $y=f(x)$ 在区间 (a,b) 内可导，如果导函数 $f'(x)$ 在 (a,b) 内仍然可导，则称 $f'(x)$ 的导函数为 $f(x)$ 的二阶导数，记为

$$f''(x),\frac{\mathrm{d}^2y}{\mathrm{d}x^2}=\frac{\mathrm{d}}{\mathrm{d}x}\left(\frac{\mathrm{d}y}{\mathrm{d}x}\right)\text{或}\frac{\mathrm{d}^2f}{\mathrm{d}x^2}$$

定义 2-4　如果导函数 $f^{(n-1)}(x)$ 在 (a,b) 内仍然可导，则称 $f^{(n-1)}(x)$ 的导函数 $f^{(n)}(x)$ 为 $f(x)$ 的 n 阶导数，记作

$$f^{(n)}(x),y^{(n)},\frac{\mathrm{d}^ny}{\mathrm{d}x^n}\text{ 或 }\frac{\mathrm{d}^nf}{\mathrm{d}x^n}$$

【例 2-17】　$y=\cos x$，求 y''.

解　$y'=-\sin x$，$y''=-\cos x$

【例 2-18】　$y=xe^{x^2}$，求 y''.

解　$y'=e^{x^2}+xe^{x^2}2x=(1+2x^2)e^{x^2}$

$y''=4xe^{x^2}+(1+2x^2)e^{x^2}2x=2x(3+2x^2)e^{x^2}$

【例 2-19】　求 $y=\sin x$ 和 $y=\cos x$ 的 n 阶导数.

解

$$(\sin x)'=\cos x=\sin\left(x+\frac{\pi}{2}\right)$$

$$(\sin x)''=\cos\left(x+\frac{\pi}{2}\right)=\sin\left(x+2\cdot\frac{\pi}{2}\right)$$

$$(\sin x)'''=\cos\left(x+2\cdot\frac{\pi}{2}\right)=\sin\left(x+3\cdot\frac{\pi}{2}\right)$$

$$\vdots$$

$$(\sin x)^{(n)}=\sin\left(x+n\cdot\frac{\pi}{2}\right)$$

用同样的方法，可以求出

$$(\cos x)^{(n)}=\cos\left(x+n\cdot\frac{\pi}{2}\right)$$

【例 2-20】　求 $y=\ln(1+x)$ 的 n 阶导数.

解

$$y'=\frac{1}{1+x}=(1+x)^{-1}$$

$$y''=(-1)(1+x)^{-2}$$

$$y'''=(-1)(-2)(1+x)^{-3}=(-1)^2 2!(1+x)^{-3},\cdots$$

一般地，有

$$y^n = [\ln(1+x)]^{(n)} = (-1)^{n-1}\frac{(n-1)!}{(1+x)^n}$$

【例 2－21】 设 $y=a^x$，求 $y^{(n)}$.

解 $y' = a^x \ln a, y'' = a^x \ln^2 a, y''' = a^x \ln^3 a, \cdots$

所以

$$y^{(n)} = a^x \ln^n a$$

特别地，当 $a = \mathrm{e}$ 时，有

$$(\mathrm{e}^x)^{(n)} = \mathrm{e}^x$$

【例 2－22】 求 $y = x^\mu$（μ 为任意实数）的 n 阶导数.

解 $y' = \mu x^{\mu-1}$

$y'' = \mu(\mu-1)x^{\mu-2}$

$y''' = \mu(\mu-1)(\mu-2)x^{\mu-3}\cdots$

一般地，有

$$y^{(n)} = (x^\mu)^{(n)} = \mu(\mu-1)\cdots(\mu-n+1)x^{\mu-n}$$

当 $\mu = n$ 时，得到

$$(x^n)^{(n)} = n!$$

而

$$(x^n)^{(n+1)} = 0$$

求函数的高阶导数常用以下两个公式：

（1）$[u(x)\pm v(x)]^{(n)}=[u(x)]^{(n)}\pm[v(x)]^{(n)}$；

（2）$[u(x)v(x)]^{(n)} = \sum\limits_{k=0}^{n} \mathrm{C}_n^k u^{(n-k)}(x)v^{(k)}(x)$.

其中，$u(x)$ 与 $v(x)$ 都是 n 阶可导函数，$u^{(0)}(x) = u(x)$，$v^{(0)}(x) = v(x)$，$\mathrm{C}_n^k=\dfrac{n!}{k!\,(n-k)!}$.

公式（2）称为**莱布尼茨公式**.

【例 2－23】 设 $y=x^2\sin x$，求 $y^{(50)}$.

解 令 $u=\sin x$，$v=x^2$，则

$$u^{(k)} = \sin\left(x+\frac{k\pi}{2}\right) \quad (k=1,2,\cdots,50)$$

$$v' = 2x, v'' = 2, v^{(k)} = 0 \quad (k \geqslant 3)$$

代入莱布尼茨公式，得

$$y^{(50)}=x^2\sin\left(x+\frac{50\pi}{2}\right)+50\cdot 2x\sin\left(x+\frac{49\pi}{2}\right)+\frac{50\times 49}{2}\cdot 2\sin\left(x+\frac{48\pi}{2}\right)$$
$$=-x^2\sin x+100x\cos x+2450\sin x$$

习题 2.3

1. 求下列函数的高阶导数.

(1) $y=x^4+e^x$，求 $y^{(4)}$；　　(2) $y=x^2+2x+1$，求 y''.

2. 设 $y=f(u)$，$u=\sin x^2$，求 $\frac{dy}{dx}$ 和 $\frac{d^2y}{dx^2}$.

3. 设 $f(x)=\arctan x$，证明它满足方程 $(1+x^2)y''+2xy'=0$.

2.4　导数的应用

本节将以导数为工具，对函数作系统而深入的研究．主要讨论函数的单调性、凹凸性、极值的判别、最小值与最大值的求法和计算函数极限的洛比达法则等．

首先介绍沟通导数与函数关系的桥梁——微分中值定理．

2.4.1　微分中值定理

下面介绍三个微分中值定理及其初步应用，这些定理有明显的几何解释，而且相互之间有很强的内在联系，首先给出极值的定义．

定义 2-5　如果存在点 x_0 的某邻域 $U(x_0,\delta)$，使得对任意 $x\in U(x_0,\delta)$，有

$$f(x)\leqslant f(x_0)\left(\text{或 } f(x)\geqslant f(x_0)\right)$$

则称点 x_0 是函数 $f(x)$ 的极大值点（极小值点）；$f(x_0)$称函数 $f(x)$ 的极大值（极小值）．

必须指出，这里的极值是指局部意义上的最值，并非定义域上的最值．例如图2-2中的点 X_1 是一个极小值点，但它所对应的函数值却比极大值点 X_2 所对应的函数值要大．

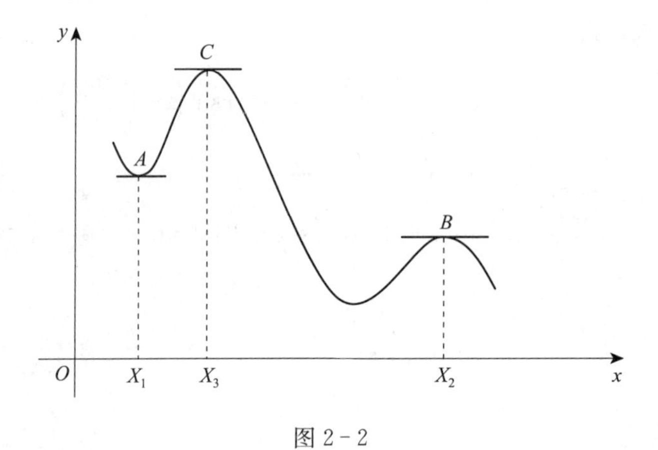

图 2-2

定理 2-6（费马定理） 若 x_0 是可导函数 $f(x)$ 的极值点，则有 $f'(x_0)=0$.

证明 因为函数 $f(x)$ 在 x_0 可导，所以其左、右导数不仅存在，而且应该相等，不妨设 x_0 是 $f(x)$ 的极大值点，则存在点 x_0 的某邻域 $U(x_0,\delta)$，当 $x\in U(x_0,\delta)$ 时，$f(x)-f(x_0)\leqslant 0$，从而

$$\lim_{x\to x_0^+}\frac{f(x)-f(x_0)}{x-x_0}=f'_+(x_0)\leqslant 0$$

$$\lim_{x\to x_0^-}\frac{f(x)-f(x_0)}{x-x_0}=f'_-(x_0)\geqslant 0$$

于是有定理的结论 $f'(x_0)=0$.

此定理肯定了对于可导函数 $f(x)$，如果某一点是函数 $f(x)$ 的极值点，那么函数 $f(x)$ 在该点的导数为零（导数为零的点称为函数的**驻点**），即 $f'(x_0)=0$ 是可导函数 $f(x)$ 在 $x=x_0$ 有极值的必要条件，反之未必正确，例如 $f(x)=x^3$，虽然 $f'(0)=0$，但是点 $x=0$ 既不是函数的极大值点，也不是极小值点．这就是说，函数可导的驻点是可能的极值点．这样，寻求可导函数 $y=f(x)$ 在 $[a,b]$ 上的极值问题就归结为 $y=f(x)$ 在 (a,b) 内是否有水平切线的问题．

单调函数因为其极限不可能在区间的内部取得，所以不予考虑．但如果曲线 $y=f(x)$ 在 $[a,b]$ 上的端点等高，即 $f(a)=f(b)$，则在一定条件下会有水平切线，或者说有平行于弦 AB 的切线（如图 2-3），于是有下面定理成立．

定理 2-7（罗尔中值定理） 设 $f(x)$ 在 $[a,b]$ 上连续，在 (a,b) 内可导，若 $f(a)=f(b)$，则存在 $\xi\in(a,b)$，使 $f'(\xi)=0$.

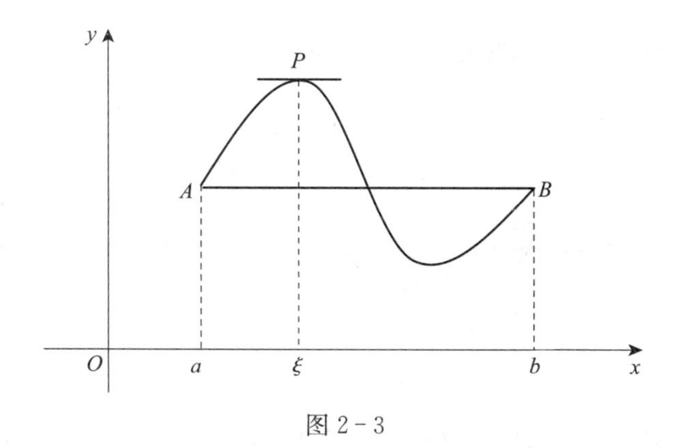

图 2-3

证明 如图 2-3 所示，由于连续函数 $f(x)$ 在闭区间 $[a,b]$ 上有最大值 M 及最小值 m，若

（1）若 $M=m$，则 $f(x)=M$，从而 $f'(x)=0$，结论成立．

（2）若 $M\neq m$，由于 $f(a)=f(b)$，故 M，m 中必有一个在开区间 (a,b) 内部某点 x_0 取到，不妨设 $M=f(x_0)$，则 $f(x_0)$ 必是一个极大值，因此由费马定理知，必有 $f'(x_0)=0$.

罗尔中值定理表明，对于可导函数 $f(x)$，在方程 $f(x)=0$ 的两个实根之间至少存在方程 $f'(x)=0$ 的一个实根．

有趣的是，法国数学家罗尔曾经是微积分的怀疑者，是一位宁可使用复杂的代数方法也不使用微积分的数学家．他在 1691 年名为《任意次方程的一个解法的证明》的论文中指出，在多项式函数 $f(x)$ 的两个零点（即 $f(x)=0$ 的根）之间必存在另一个多项式（亦即 $f'(x)$）的零点．在一百多年之后，即 1846 年，数学家 Giusto Bellavitis 把这一结果推广到可导函数的情形，令人敬佩的是，他仍将这个定理命名为罗尔定理．

在罗尔定理中，$f(a)=f(b)$ 这个条件是相当特殊的，它使罗尔定理的应用受到限制．如果将定理中的 $f(a)=f(b)$ 去掉，你会发现什么？如图 2-4 所示，此时，点 P 处的切线不再是水平的，但是它与弦 AB 相互平行的关系却并没有改变，于是有下面的定理成立.

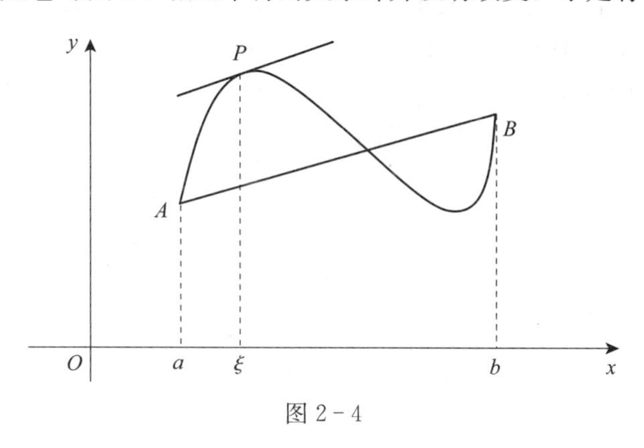

图 2-4

定理 2-8（拉格朗日中值定理） 设函数 $f(x)$ 在 $[a,b]$ 上连续，在 (a,b) 内可导，则存在 $\xi\in(a,b)$，使

$$f'(\xi)=\frac{f(b)-f(a)}{b-a}$$

此公式称为拉格朗日中值公式.

将拉格朗日中值公式变形可得

$$f(b)-f(a)=f'(\xi)(b-a) \tag{2-1}$$

公式（2-1）对于 $b<a$ 也是成立的. 公式（2-1）意味着可以用导数 $f'(\xi)$ 来表达区间端点处的函数值之差“$f(b)-f(a)$”，这在分析函数的单调性、极值和证明不等式时十分有用.

若点 x_0 是 (a,b) 内任意一点，$x=x_0+\Delta x$ 也在 (a,b) 内，则 $f(x)$ 在 $[x,x_0]$ 或 $[x_0,x]$ 上满足定理 2-8 的条件，从而由公式（2-1）可得如下公式

$$f(x)=f(x_0)+f'(\xi)(x-x_0) \tag{2-2}$$

这里 ξ 位于 x 与 x_0 之间.

由公式（2-2）可以得到下面的几个推论.

推论 1 若函数 $f(x)$ 在 (a,b) 上的导数恒为 0，则 $f(x)$ 是常函数.

推论 2 若函数 $f(x),g(x)$ 在 (a,b) 内的导数处处相等，即 $f'(x)=g'(x)$，$x\in(a,b)$，则 $f(x)=g(x)+C$（C 为常数）.

【例 2-24】 证明三角恒等式 $\sin^2x+\cos^2x\equiv1$（$-\infty<x<+\infty$）.

证明 令 $f(x)=\sin^2x+\cos^2x-1$，则有 $f(0)=0$，且

$$f'(x)=2\sin x\cdot\cos x-2\cos x\cdot\sin x=0$$

故由推论 1 知，$f(x)$恒为常数. 又由于 $f(0)=0$，故 $f(x)\equiv0$.

【例 2-25】 证明不等式 $|\sin a-\sin b|\leqslant|a-b|$.

证明 取 $f(x)=\sin x$，显然 $f(x)$ 在闭区间$[a,b]$（或(a,b)）上连续，在区间 (a,b)（或(b,a)内）可导，所以由拉格朗日中值定理，存在 $\xi\in(a,b)$（或 $\xi\in(b,a)$），使得

$$f(b)-f(a)=f'(\xi)(b-a)$$

即 $\sin b-\sin a=\cos\xi\cdot(b-a)$，从而

$$|\sin b-\sin a|=|\cos\xi\cdot(b-a)|\leqslant|\cos\xi|\cdot|(b-a)|\leqslant|(b-a)|$$

2.4.2　洛比达法则

两个无穷小量之比的极限及两个无穷大量之比的极限，可能存在也可能不存在，故称它们为 $\frac{0}{0}$ 型与 $\frac{\infty}{\infty}$ 型的未定式．其他形如 $0\cdot\infty,\infty-\infty,1^{\infty},0^{0},\infty^{0}$ 等类型的极限式都是未定式．借助导数求未定式极限的方法，称为洛比达法则．

关于洛比达法则的由来有一段故事．

法国数学家洛比达伯爵出身于贵族家庭，是法国科学院院士．他很早便显示出数学才华，解决过帕斯卡的摆线问题和贝努利的最速下降线问题．1696 年，洛比达出版了世界上第一本比较系统的微积分学教程——《用于理解曲线的无穷小分析》，这部书第 9 章介绍了分式函数（两个多项式的商）在其分子与分母都趋于零的情形下极限的计算法则，也就是现在的洛比达法则．据史料称，这个法则是洛比达的数学老师贝努利在 1694 年 7 月 22 日的信中告诉他的．由于贝努利在给洛比达讲授微积分知识时领取了薪金，故他允许洛比达随意使用自己的数学发现．

定理 2-9（洛比达法则）　设

(1) 当 $x\to x_0$ 时，$f(x)$，$F(x)$ 同时趋于零或同时趋于无穷大；

(2) 在点 x_0 某空心邻域 $U^{\circ}(x_0,\delta)$ 内，$f'(x)$ 和 $F'(x)$ 都存在且 $F'(x)\neq 0$；

(3) $\lim\limits_{x\to x_0}\frac{f'(x)}{F'(x)}$ 存在（或无穷大）．

那么

$$\lim_{x\to x_0}\frac{f(x)}{F(x)}=\lim_{x\to x_0}\frac{f'(x)}{F'(x)}$$

定理说明 $\frac{0}{0}$ 或 $\frac{\infty}{\infty}$ 型未定式的极限 $\lim\limits_{x\to x_0}\frac{f(x)}{F(x)}$ 可以通过其分子分母的导函数的比的极限 $\lim\limits_{x\to x_0}\frac{f'(x)}{F'(x)}$ 来计算，当 $\lim\limits_{x\to x_0}\frac{f'(x)}{F'(x)}$ 存在时，$\lim\limits_{x\to x_0}\frac{f(x)}{F(x)}$ 也存在且等于 $\lim\limits_{x\to x_0}\frac{f'(x)}{F'(x)}$；当 $\lim\limits_{x\to x_0}\frac{f'(x)}{F'(x)}$ 为无穷大时，$\lim\limits_{x\to x_0}\frac{f(x)}{F(x)}$ 也是无穷大．

为了说明洛比达法则的快捷性与有效性，现将两个重要极限用此法则再计算一下．

$$\lim_{x\to 0}\frac{\sin x}{x}=\lim_{x\to 0}\frac{(\sin x)'}{x}=\lim_{x\to 0}\frac{\cos x}{1}=\cos 0=1$$

$$\lim_{x\to 0}(1+x)^{\frac{1}{x}}=\mathrm{e}^{\lim\limits_{x\to 0}\frac{\ln(1+x)}{x}}=\mathrm{e}^{\lim\limits_{x\to 0}\frac{\frac{1}{1+x}}{1}}=\mathrm{e}^{1}=\mathrm{e}$$

【例 2-26】计算以下函数极限．

（1）$\lim\limits_{x\to 0}\dfrac{e^x-1}{x^2-x}$　（2）$\lim\limits_{x\to+\infty}\dfrac{\ln x}{x}$　（3）$\lim\limits_{x\to 0^+}x\ln x$

（4）$\lim\limits_{x\to 0}\left(\dfrac{1}{x}-\dfrac{1}{\tan x}\right)$　（5）$\lim\limits_{x\to 0}\dfrac{x-\sin x}{x^2\tan x}$　（6）$\lim\limits_{x\to 0}\dfrac{\ln\cos 3x}{\ln\cos 2x}$

解　（1）$\lim\limits_{x\to 0}\dfrac{e^x-1}{x^2-x}=\lim\limits_{x\to 0}\dfrac{e^x}{2x-1}=-1$

（2）$\lim\limits_{x\to+\infty}\dfrac{\ln x}{x}=\lim\limits_{x\to+\infty}\dfrac{\frac{1}{x}}{1}=0$

（3）$\lim\limits_{x\to 0^+}x\ln x=\lim\limits_{x\to 0^+}\dfrac{\ln x}{\frac{1}{x}}=\lim\limits_{x\to 0^+}\dfrac{\frac{1}{x}}{-\frac{1}{x^2}}=-\lim\limits_{x\to 0^+}x=0$

（4）$\lim\limits_{x\to 0}\left(\dfrac{1}{x}-\dfrac{1}{\tan x}\right)=\lim\limits_{x\to 0}\dfrac{\tan x-x}{x\tan x}=\lim\limits_{x\to 0}\dfrac{\tan x-x}{x^2}=\lim\limits_{x\to 0}\dfrac{\sec^2 x-1}{2x}$

$$=\lim_{x\to 0}\frac{\tan^2 x}{2x}=\lim_{x\to 0}\frac{\tan x}{2}=0$$

（5）$\lim\limits_{x\to 0}\dfrac{x-\sin x}{x^2\tan x}=\lim\limits_{x\to 0}\dfrac{x-\sin x}{x^3}=\lim\limits_{x\to 0}\dfrac{1-\cos x}{3x^2}=\lim\limits_{x\to 0}\dfrac{\sin x}{6x}=\dfrac{1}{6}$

（6）$\lim\limits_{x\to 0}\dfrac{\ln\cos 3x}{\ln\cos 2x}=\lim\limits_{x\to 0}\dfrac{(\ln\cos 3x)'}{(\ln\cos 2x)'}=\lim\limits_{x\to 0}\dfrac{-3\sin 3x}{\cos 3x}\cdot\dfrac{\cos 2x}{-2\sin 2x}$

$$=\lim_{x\to 0}\frac{3}{2}\frac{\cos 2x}{\cos 3x}\lim_{x\to 0}\frac{\sin 3x}{\sin 2x}=\frac{9}{4}$$

注　对于 $\dfrac{0}{0}$ 型的未定式，可先用等价无穷小量代换，再用洛比达法则．

【例 2-27】求极限$\lim\limits_{x\to\infty}\dfrac{x+\sin x}{x}$.

解
$$\lim_{x\to\infty}\frac{x+\sin x}{x}=\lim_{x\to\infty}\left(1+\frac{1}{x}\cdot\sin x\right)=1$$

若此题用洛比达法则求解，有

$$\lim_{x\to\infty}\frac{x+\sin x}{x}=\lim_{x\to\infty}\frac{1+\cos x}{1}=\lim_{x\to\infty}(1+\cos x)$$

由于 $x\to\infty$ 时，$\cos x$ 没有极限，无法求解．故本题不能用洛比达法则解出．

可见，并不是所有的未定式问题都可以用洛比达法则解决．

2.4.3　函数的单调性与凹凸性

有了中值定理这个桥梁，便可以以导数为工具研究函数的几何特征，如函数的单调性与凹凸性．而掌握这些特征不仅有利于曲线图形的描绘，更有利于分析函数在自变量的变化过程中的变化速度和变化趋势．

定理2-10（单调性判别法）　设 $f(x)$ 在 $[a,b]$ 上连续，在 (a,b) 内可导，则在 (a,b) 内，当 $f'(x)>0(f'(x)<0)$ 时，$f(x)$ 在 $[a,b]$ 上是单调增（减）函数．

如果把这个判定法中的闭区间换成其他各种区间（包括无穷区间），结论也成立．

【例2-28】　讨论以下函数的单调性．

（1）$y=x^2$　　　（2）$y=e^x$

（3）$y=\text{arccot } x$　　　（4）$y=2+x-x^2$

解　（1）因为

$$y'=2x\begin{cases}>0, & x>0\\ =0, & x=0\\ <0, & x<0\end{cases}$$

所以 $y=x^2$ 在区间 $[0,+\infty)$ 上单调增加，在区间 $(-\infty,0]$ 上单调减少．显然，$x=0$ 是函数 $y=x^2$ 单调增加与单调减少区间的分界点．

（2）因为 $y'=e^x>0$，$x\in(-\infty,+\infty)$，所以 $y=e^x$ 在区间 $(-\infty,+\infty)$ 内单调增加．

（3）因为 $y'=\dfrac{-1}{1+x^2}<0$，$x\in(-\infty,+\infty)$，所以 $\text{arccot } x$ 在区间 $(-\infty,+\infty)$ 内单调减少．

（4）因为 $y'=1-2x\geqslant 0$ 等价于 $x\leqslant\dfrac{1}{2}$，故所讨论函数在 $\left(-\infty,\dfrac{1}{2}\right]$ 上严格单调增加，在 $\left[\dfrac{1}{2},+\infty\right)$ 上严格单调减少．

【例2-29】　判定函数 $y=x-\sin x$ 在 $[0,2\pi]$ 上的单调性．

解　因为在 $(0,2\pi)$ 内

$$y'=1-\cos x>0$$

所以函数 $y=x-\sin x$ 在 $[0,2\pi]$ 上单调增加．

【例2-30】　证明：当 $x>1$ 时，$2\sqrt{x}>3-\dfrac{1}{x}$.

证明　设 $f(x)=2\sqrt{x}-\left(3-\dfrac{1}{x}\right)$，则

$$f'(x)=\frac{1}{\sqrt{x}}-\frac{1}{x}=\frac{1}{x^2}(x\sqrt{x}-1)>0,x>1$$

故 $f(x)$ 在 $(1,+\infty)$ 上单调增加，又因为 $f(x)$ 在 $x=1$ 处连续，从而 $f(x)>f(1)$ $(x>1)$，由于 $f(1)=0$，所以

$$f(x)>0 \quad (x>0)$$

即当 $x>1$ 时，$2\sqrt{x}-\left(3-\frac{1}{x}\right)>0$，即 $2\sqrt{x}>3-\frac{1}{x}$.

函数的单调性反映在图像上，就是曲线的上升和下降，但是曲线在上升和下降的过程中，还有一个弯曲方向的问题．例如，图 2－5 中有两条曲线弧，虽然它们都是上升的，但图形却有显著的不同，弧 PCQ 是向上凸的曲线弧，而弧 PDQ 是向上凹的曲线弧，它们的凹凸性不同，下面就来研究曲线的凹凸性及其判定法．

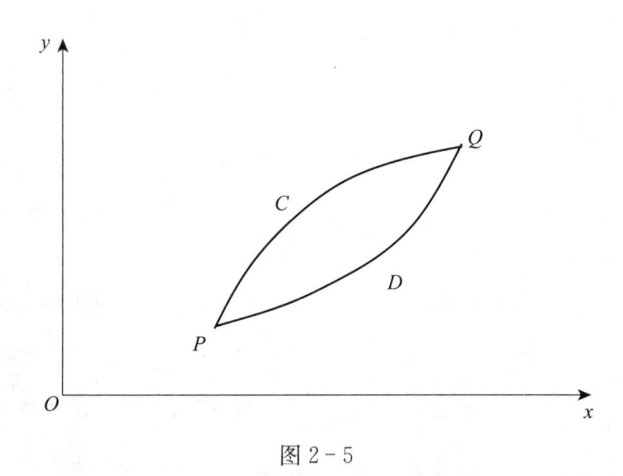

图 2－5

定义 2－6 称曲线弧 PQ 是（向上）凹（或（向上）凸）的，若其上每一点都有切线，且切点附近曲线总在切线的上方（或下方）．这时也称曲线弧 PQ 为凹弧（或凸弧），相应的函数称为凹（或凸）函数．连续曲线上的凹弧与凸弧的分界点称为拐点．

定理 2－11 设 $f(x)$ 在 $[a,b]$ 上连续，在 (a,b) 上二阶可导，则当 $f''(x)>0$（或 <0）时，$f(x)$是凹（或凸）函数．

【例 2－31】 讨论以下函数的凹凸性．

(1) $y=x^3$　　　　(2) $y=\ln x$

解 (1) 因为 $y''=6x$，当 $x\in(0,+\infty)$ 时，$y''>0$，所以函数在此区间上是凹函数；当 $x\in(-\infty,0)$ 时，$y''<0$，所以函数在此区间上是凸函数；$x=0$ 对应的点 $(0,0)$ 是曲线凹凸的分界点，因而是拐点．

(2) 因为 $y''=-\frac{1}{x^2}<0$，所以函数在其定义区间 $(0,+\infty)$ 上是凸函数.

2.4.4 函数的最值问题

我们已经知道，可导函数的驻点是可能的极值点. 此外，函数在它的导数不存在的点处也可能取得极值点. 例如 $f(x)=|x|$ 在不可导的点 $x=0$ 处取得极小值. 那么，如何判断驻点和不可导的点是否是极值点呢? 有了单调性的判别法，我们就可以给出求极值点的方法了.

定理 2-12 设函数 $f(x)$ 在点 x_0 处连续，且在点 x_0 的某去心邻域 $U^\circ(x_0,\delta)$ 内可导.

(1) 若 $x\in(x_0-\delta,x_0)$ 时，$f'(x)>0$，而 $x\in(x_0,x_0+\delta)$ 时，$f'(x)<0$，则 $f(x)$ 在 x_0 处取得极大值;

(2) 若 $x\in(x_0-\delta,x_0)$ 时，$f'(x)<0$，而 $x\in(x_0,x_0+\delta)$ 时，$f'(x)>0$，则 $f(x)$ 在 x_0 处取得极小值;

(3) 若 $x\in U^\circ(x_0,\delta)$，$f'(x)$的符号保持不变，则 $f(x)$ 在 x_0 处没有极值.

函数的最值问题被认为是微分学应用中最精彩的部分，对于可微函数来说，利用判断极值的方法，寻求最值的步骤如下.

① 求出导数 $f'(x)$.

② 求出 $f(x)$ 的全部驻点与不可导点.

③ 考察 $f'(x)$ 的符号在每个驻点与不可导点的左、右邻近的情形，以确定该点是否为极值点，如果是极值点，进一步确定是极大值点还是极小值点.

④ 求出各极值点的函数值，就是函数 $f(x)$ 的全部极值，这些极值中的最大值为函数的最大值，极值中的最小值为函数的最小值.

【例 2-32】 求函数 $f(x)=|x^2-3x+2|$ 在 $[-3,4]$ 上的最大值与最小值.

解

$$f(x)=\begin{cases}x^2-3x+2, x\in[-3,1]\cup[2,4]\\-x^2+3x-2, x\in(1,2)\end{cases}$$

$$f'(x)=\begin{cases}2x-3, x\in(-3,1)\cup(2,4)\\-2x+3, x\in(1,2)\end{cases}$$

在 $(-3,4)$ 内，$f(x)$的驻点为 $x=\frac{3}{2}$; 不可导点为 $x=1$，2.

由于 $f(-3)=20$，$f(1)=0$，$f\left(\frac{3}{2}\right)=\frac{1}{4}$，$f(2)=0$，$f(4)=6$，比较可得 $f(x)$

在点 $x=-3$ 处取得它在 $[-3,4]$ 上的最大值20，在点 $x=1$ 和 $x=2$ 处取得它在 $[-3,4]$ 上的最小值0.

【例2-33】 设每亩地种植西瓜20株时，每株西瓜产300 kg的西瓜．为了增加产量，计划增加西瓜的株数．但是人们发现，由于环境的制约，如果每亩地种植的西瓜苗超过20株时，每超种一株，将会使西瓜的株数产量平均减少10 kg. 试问每亩地种植多少株西瓜才能使每亩产量最高?

解 设每亩地所种西瓜数在20株的基础上再增加 x 株，则每株西瓜产瓜 $(300-10x)$，每亩地所产西瓜记作 $f(x)$. 于是

$$f(x)=(300-10x)(20+x),0\leqslant x<30$$

问题归结为求 x 之值，使得目标函数 $f(x)$ 取得最大值．对目标函数求导，得

$$f'(x)=100-20x$$

解得驻点为 $x=5$，这是实际问题，最大值肯定存在，而且在 $[0,30]$ 内只有这一个驻点．因此，当 $x=5$ 时，$f(x)$ 取最大值，故每亩地种植25株西瓜能使亩产量最高．

习题2.4

1. 证明：当 $x>0$ 时，$\frac{x}{1+x}<\ln(1+x)<x$.

2. 求下列函数的极限．

(1) $\lim\limits_{x\to0}\frac{x-\sin x}{x^3}$　　(2) $\lim\limits_{x\to0}\frac{e^x-1}{x}$

(3) $\lim\limits_{x\to0^+}\frac{\ln x}{\ln\sin x}$　　(4) $\lim\limits_{x\to+\infty}\frac{\sqrt{1+x^2}}{x}$

(5) $\lim\limits_{x\to1}\left(\frac{x}{x-1}-\frac{1}{\ln x}\right)$　　(6) $\lim\limits_{x\to1}x^{\frac{1}{1-x}}$

3. 求下列函数的单调区间．

(1) $f(x)=\ln(1-x^2)$　　(2) $y=xe^{-x}$

(3) $y=x-\ln(1+x)$　　(4) $f(x)=\arctan x+x$

4. 求下列函数的凹凸性和拐点．

(1) $y=3x^4-4x^3+1$　　(2) $y=\ln(1+x^2)$

5. 求下列函数的最大值和最小值．

(1) $y=2x^3-3x^2$，$-1\leqslant x\leqslant4$　　(2) $y=x^4-8x^2+2$，$-1\leqslant x\leqslant3$

2.5 微　　分

2.5.1 微分的概念

在许多实际问题中，经常遇到当自变量有一个微小的改变量时，需要计算函数相应的改变量．一般来说，直接去计算函数的改变量是比较困难的．但是对于可导函数来说，可以找到一个简单的近似计算公式．

下面先看一个具体问题．

设一块正方形金属薄片受温度变化等因素的影响（其边长由 x_0 变到 $x_0+\Delta x$（如图 2-6），现讨论此薄片的面积变化．

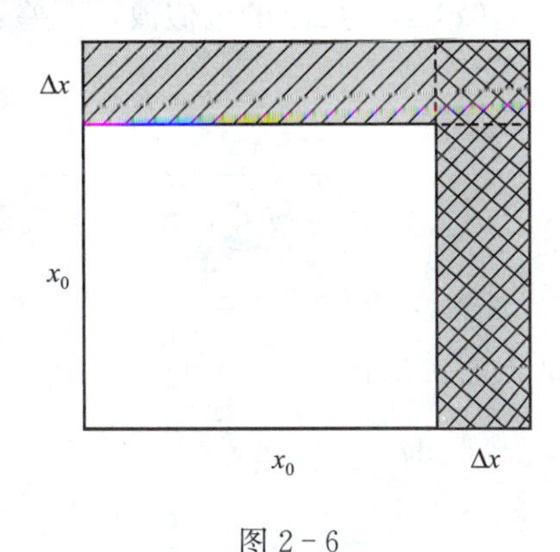

图 2-6

设金属薄片的边长为 x_0，面积为 S，则 S 是 x 的函数 $S=x^2$. 金属薄片面积的改变量为

$$\Delta S=(x_0+\Delta x)^2-x_0^2=2x_0\Delta x+(\Delta x)^2$$

$2x_0\Delta x$ 表示两个长为 x_0、宽为 Δx 的长方形，面积 $(\Delta x)^2$ 表示边长为 Δx 的正方形的面积. 当 $\Delta x\to 0$ 时，$(\Delta x)^2$ 是比 Δx 高阶的无穷小，即$(\Delta x)^2=o(\Delta x)$. 当 Δx 充分小时，$(\Delta x)^2$ 可以忽略不计，$2x_0\Delta x$ 是 Δx 的线性函数，是 ΔS 的主要部分，可以近似地代替 ΔS（其中 $2x_0$ 是一个与 Δx 无关的常数）．与 Δx 无关的常数 $2x_0$ 恰好是函数 $S(x)=x^2$ 在 x_0 点的导数．

由此可见，用函数在某点的导数乘以自变量的增量来代替函数增量还是很成功的．现在考虑这样一个问题：对于一个一般的可导函数 $f(x)$，可否用 $f'(x)\Delta x$ 代替 Δy 呢?

由微商的定义

$$\lim_{\Delta x \to 0} \frac{\Delta y}{\Delta x} = f'(x)$$

知

$$\frac{\Delta y}{\Delta x} = f'(x) + \alpha, \lim_{\Delta x \to 0} \alpha = 0$$

即

$$\Delta y = f'(x)\Delta x + \alpha\Delta x = f'(x)\Delta x + o(\Delta x)$$

也就是说，$f'(x)\Delta x$ 与 Δy 之差是较 Δx 的高阶无穷小量，可以用 $f'(x)\Delta x$ 近似代替 Δy，这样有两点好处：

① $f'(x)\Delta x$ 是 Δx 的一次函数，便于计算；

② 当 $|\Delta x|$ 很小时，取 $f'(x)\Delta x$ 为 Δy 的近似值，误差是 Δx 的高阶无穷小量，有良好的精确度．

于是给出下述定义．

定义 2－7 设函数 $y = f(x)$ 在 x_0 点可导，Δx 为自变量 x 的改变量，则称

$$f'(x_0) \cdot \Delta x$$

为函数 $y = f(x)$ 在 x_0 点的微分，记作

$$\mathrm{d}f(x_0) \text{ 或 } \mathrm{d}y\big|_{x=x_0}$$

并称 $y = f(x)$ 在 x_0 点可微．

在上述微分表示式中，Δx 是为自变量 x 的改变量，即增量．应当注意 Δx 不是代表某一个数值，而是一个变量．

当自变量 x 有一个改变量 Δx 时，相应地函数 $y = f(x)$ 就产生一个改变量（或增量）$\Delta y = f(x_0 + \Delta x) - (fx_0)$ 当 $|\Delta x|$ 很小时，可以用微分的值 $\mathrm{d}y = f'(x_0)\Delta x$ 作为 Δy 的近似值．

【例 2－34】 求函数 $y = x^3$ 的微分．

解 由定义

$$\mathrm{d}y = y'\Delta x = 3x^2\Delta x$$

为了运算方便，规定自变量 x 的微分 $\mathrm{d}x$ 就是 Δx，这一规定与计算函数 $y = x$ 的微分所得到的结果是一致的，即

$$\mathrm{d}y = \mathrm{d}x = x'\Delta x = \Delta x$$

于是函数 $y = f(x)$ 的微分又可以记作 $dy = f'(x_0)dx$. 由于 $dx = \Delta x \neq 0$，从而有 $\left.\frac{dy}{dx}\right|_{x=x_0} = f'(x_0)$. 可以看出函数的微商（导数）是函数的微分 dy 与自变量的微分 dx 之商，这就是微商这个名词的来源以及把它记为 $\frac{dy}{dx}$ 的原因所在.

下面我们从几何上来说明函数 $y = f(x)$ 的微分 dy 与增量 Δy 之间的关系. 为此，作函数 $y = f(x)$ 的图像，如图 2-7 所示.

设函数 $y = f(x)$ 在点 x 处可微，即有 $dy = f'(x)\Delta x$. 在直角坐标系中，$y = f(x)$ 的图像是一条曲线，对应于 x，曲线上有一个确定的点 P，对应于 $x+\Delta x$，曲线上有另一点 P_1，过 P 作曲线的切线 PT，倾角为 θ. 由图 2-7 看出

$$PN = \Delta x, NP_1 = \Delta y = NT + TP_1$$

在△PNT 中，$dy = \tan\theta \cdot \Delta x = f'(x)\Delta x = NT$. 用 dy 代替 Δy，就相当于以切线上点的纵坐标增量来代替曲线上点的纵坐标增量，由此产生的误差 TP_1 是较 Δx 的高阶无穷小. 也就是说，当 $|\Delta x|$ 很小时，$|\Delta y - dy|$ 比 $|\Delta x|$ 小得多. 因此，从几何上看，用 dy 近似代替 Δy 就是在点 x 的邻近用切线的改变量代替函数的改变量.

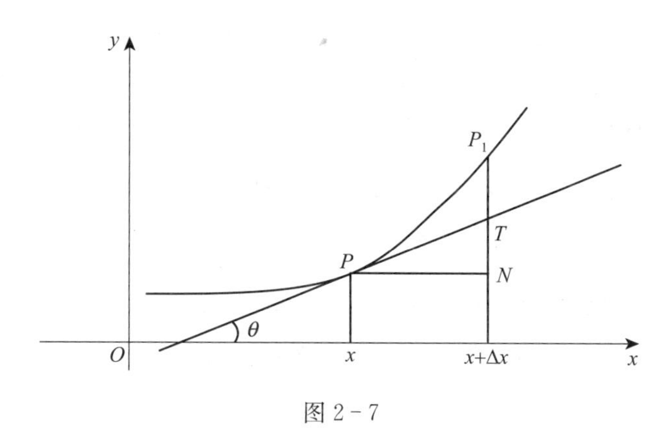

图 2-7

2.5.2　微分的计算

由微分与导数的关系式 $dy = f'(x)\Delta x$ 可知，计算函数 $y = f(x)$ 的微分实际上可以归结为计算导数 $f'(x)$，所以与导数的基本公式和运算法则相对应，可以建立微分的基本公式和运算法则. 通常把计算导数与计算微分的方法都叫做微分法.

1. 基本初等函数的微分公式

$d(C) = 0$　　　　$d(x^{\mu}) = \mu x^{\mu-1}dx$

$d(a^x) = a^x \ln a dx$ $\qquad$ $d(e^x) = e^x dx$

$d(\log_a x) = \dfrac{1}{x\ln a}dx$； $\qquad$ $d(\ln x) = \dfrac{1}{x}dx$

$d(\sin x) = \cos x dx$ $\qquad$ $d(\cos x) = -\sin x dx$

$d(\tan x) = \sec^2 x dx$ $\qquad$ $d(\cot x) = -\csc^2 x dx$

$d(\sec x) = \sec x \tan x dx$ $\qquad$ $d(\csc x) = -\csc x \cot x dx$

$d(\arcsin x) = \dfrac{1}{\sqrt{1-x^2}}dx$ $\qquad$ $d(\arccos x) = -\dfrac{1}{\sqrt{1-x^2}}dx$

$d(\arctan x) = \dfrac{1}{1+x^2}dx$ $\qquad$ $d(\text{arccot}\, x) = -\dfrac{1}{1+x^2}dx$

2. 微分四则运算法则

设函数 $u(x)$，$v(x)$可微，则

(1) $d[Cu(x)] = Cdu(x)$ （C 为常数）

(2) $d[u(x) \pm v(x)] = du(x) \pm dv(x)$

(3) $d[u(x)v(x)] = v(x)du(x) + u(x)dv(x)$

(4) $d\left[\dfrac{u(x)}{v(x)}\right] = \dfrac{v(x)du(x) - u(x)dv(x)}{v^2(x)}$ （$v(x) \neq 0$）

3. 复合函数的微分法则

设 $y = f(x)$ 及 $u = \varphi(x)$ 都可导，则复合函数 $y = f[\varphi(x)]$ 的微分为

$$dy = y'_x dx = f'(u)\varphi'(x)dx$$

由于 $\varphi'(x)dx = du$，所以复合函数 $y = f[\varphi(x)]$ 的微分公式也可以写成

$$dy = f'(u)du \text{ 或者 } dy = y'_u du$$

由此可见，无论 u 是自变量还是另一个变量的可微函数，微分形式 $dy = f'(u)du$ 保持不变．这一性质称为**一阶微分形式不变性**．这个性质表示，当变换自变量时，微分形式 $dy = f'(u)du$ 并不改变．

【例 2-35】 求 $y = x + \cos x$ 的微分．

解 $dy = (x + \cos x)'dx = (1 - \sin x)dx$

【例 2-36】 求 $y = x\arcsin x$ 的微分

解 $dy = (x\arcsin x)'dx = \left(\arcsin x + \dfrac{x}{\sqrt{1-x^2}}\right)dx.$

【例 2-37】 求 $y = \ln(1+x^2)$ 的微分．

解 $dy = \dfrac{1}{1+x^2}d(1+x^2) = \dfrac{2x}{1+x^2}dx$

2.5.3 微分的简单应用

在工程问题中，经常会遇到一些复杂的计算公式．如果直接用这些公式进行计算，那是很费力的．利用微分往往可以把一些复杂的计算公式改用简单的近似公式来代替．

如果函数 $y=f(x)$ 在点 x_0 处的导数 $f'(x_0)\neq 0$，且 $|\Delta x|$ 很小时，可以用下式来计算函数增量 Δy 的近似值．

$$f(x_0+\Delta x)-f(x_0)\approx f'(x_0)\Delta x \tag{2-3}$$

在式（2-3）中，令 $x=x_0+\Delta x$，即 $\Delta x=x-x_0$，于是式（2-3）可以改写成

$$f(x)\approx f(x_0)+f'(x_0)\Delta x \tag{2-4}$$

可见，当 $|\Delta x|$ 很小时，可以用式（2-4）来计算点 x 处的函数值 $f(x)$．

特别地，取 $x_0=0$，便可得到以下近似公式（$|x|$ 较小）

$$\sin x\sim x,\ln(x+1)\sim x,(1+x)^{\frac{1}{n}}\sim 1+\frac{1}{n}x$$

【例 2-38】　计算 $\sqrt{8.9}$ 的近似值．

解　由于 $\sqrt{8.9}=3\sqrt{1-\frac{1}{90}}$，取 $x=-\frac{1}{90}$，则由公式 $(1+x)^{\frac{1}{n}}\sim 1+\frac{1}{n}x$ 得

$$\sqrt{8.9}=3\sqrt{1-\frac{1}{90}}\approx 3\left(1-\frac{1}{2}\times\frac{1}{90}\right)\approx 2.983$$

【例 2-39】　半径为 8 cm 的金属球加热以后，其半径伸长了 0.04 cm，问它的体积增大了多少？

解　设球的半径和体积分别为 r，V，则

$$V=\frac{4}{3}\pi r^3$$

取 $r_0=8$ cm，$\Delta r=0.04$ cm．由于 $|\Delta r|$ 是很小的，根据公式（2-3）有

$$\Delta V=4\pi r_0^2\cdot\Delta r=10.24\pi\ \text{cm}^3$$

习题 2.5

1. 求下列函数的微分．

(1) $y=x^2+\sin x$　　　　(2) $y=\tan x$

(3) $y=xe^x$　　　　(4) $y=(3x-1)^{100}$

2. 设 $f(x)=\ln(1+x)$，求 $df(x)\Big|_{\substack{x=2\\ \Delta x=0.01}}$.

3. 求 $\sqrt[3]{65}$ 的近似值.

总 习 题 二

一、填空题

1. 设有函数 $f(x)$，$f(0)=0$，$f'(0)$ 存在，则 $\lim\limits_{x\to 0}\dfrac{f(x)}{x}=$________.

2. 曲线 $y=e^{-x}$ 经过原点的切线方程是________.

3. 设 $y=2^{\sin x}$，则 $dy=$________.

4. 设 $y=\ln(1+x)$，则 $y^{(5)}=$________.

5. 已知某产品产量为 q 件时的总成本函数 $C(q)=2q^2+q+200$（元），则当产量为100件时的边际成本为________.

二、选择题

1. 设 $f(x)=\begin{cases}\dfrac{x}{2}, & x\geqslant 0\\ a\sin x, & x<0\end{cases}$ 在点 $x=0$ 可导，则 $a=$（　　）.

A. 2　　B. 1　　C. $\dfrac{1}{2}$　　D. 0

2. 设 $f(x)=x(x-1)(x-2)(x-3)$，则 $f'(3)=$（　　）.

A. 0　　B. 1　　C. 2　　D. 6

3. 设曲线 $y=x^2+x-2$ 在点 M 的切线斜率为3，则点 M 的坐标为（　　）.

A. (0,1)　　B. (1,0)　　C. (0,0)　　D. (1,1)

4. 设 $a>0$，$f(x)=a^x+x^a+a^a$，则 $f'(1)=$（　　）.

A. $a(1+\ln a)$　　B. $2a$

C. $a(1+\ln a)+a$　　D. $ax^{a-1}+\ln a\cdot a^x+a^a\ln a$

5. $y=\cos^2 2x$，则 $y'\left(\dfrac{\pi}{8}\right)=$（　　）.

A. 1　　B. -1　　C. 2　　D. -2

6. $f(x)=\ln\dfrac{1}{x}-\ln 2$，则 $df(x)=$（　　）.

A. $(x-\dfrac{1}{2})dx$　　B. xdx　　C. $\left(-\dfrac{1}{x}-\dfrac{1}{2}\right)dx$　　D. $-\dfrac{1}{x}dx$

7. $y=(x+1)^2$ 在 $(-2,2)$ 上的极小值点为（　　）.

A. 0　　B. -1　　C. (0,1)　　D. (1,4)

8. 用 t 表示时间，u 表示物体的温度．温度 u 随时间 t 变化，变化规律为 $u=1+2t$，该物体的体积 V 随温度 u 变化，变化规律为 $V=10+\sqrt{u-1}$，则当 $t=5$ 时，物体体积增加的瞬时速度等于（　　）．

A. $-\dfrac{1}{2\sqrt{10}}$　　B. $\dfrac{1}{2\sqrt{10}}$　　C. $-\dfrac{1}{\sqrt{10}}$　　D. $\dfrac{1}{\sqrt{10}}$

9. $\lim\limits_{x\to1}\dfrac{\ln x}{1-x^2}=$（　　）．

A. 0　　B. 1　　C. -2　　D. $-\dfrac{1}{2}$

10. 设函数 $f(x)$ 满足以下条件：当 $x<x_0$ 时，$f'(x)>0$；当 $x>x_0$ 时，$f'(x)<0$，则 x_0 必是函数 $f(x)$ 的（　　）．

A. 驻点　　B. 极大值点　　C. 极小值点　　D. 不确定点

三、计算题

1. 设 $y=\arctan\dfrac{x}{2}$，求 y'.

2. 设 $y=\mathrm{e}^{-x}\cos 3x$，求 $\mathrm{d}y$.

3. 设 $y=\sin(1-x^2)$，求 y''.

4. 求极限 $\lim\limits_{x\to0}\dfrac{\mathrm{e}^{2x}-\mathrm{e}^{-x}-3x}{1-\cos x}$.

5. 求函数 $f(x)=\ln x+\dfrac{1}{x}$ 的单调区间和极值．

四、应用题

1. 欲建一个底面为正方形的长方体露天蓄水池，容积为 1 500 m^3，四壁造价为 a（元/m^2）（$a>0$），底面造价是四壁造价的 3 倍．当蓄水池的底面边长和深度各为多少时总造价最省？

2. 某工厂生产某种产品 x 吨，所需要的成本为 $C(x)=5x+200$（单位：万元）．将每吨产品投放市场后所得的总收入为 $R(x)=10x-0.01x^2$（单位：万元）．问该产品生产多少吨时获利最大？

阅读材料一：微积分发展史（一）

微积分的产生是数学上的伟大创造，它从生产技术和理论科学的需要中产生，同时又反过来广泛影响生产技术和科学的发展。如今，微积分已是广大科学工作者及技术人员不可缺少的工具。微积分是微分学和积分学的统称，它的萌芽、发生与发展经历了漫长的时期。早在古希腊时期，欧多克斯提出了穷竭法。这是微积分的先驱，而我国庄子的《天下篇》中也有“一尺之锤，日取其半，万世不竭”的极限思想。公元 263 年，刘徽为《九章算术》作注时提出了“割圆术”，用正多边形来逼近圆周。这是极限论思想的成功运用。微积分的产生一般分为三个阶段：极限概念、求积的无限小方法、积分与微分的互逆关系。最后一步是由牛顿、莱布尼茨完成的。前两个阶段的工作，欧洲的大批数学家一直追溯到古希腊的阿基米得都做出了各自的贡献。对于这方面的工作，古代中国毫不逊色于西方，微积分思想在古代中国早有萌芽，甚至是古希腊数学家所不能比拟的。公元前 7 世纪老庄哲学中就有无限可分性和极限思想；公元前 4 世纪《墨经》中有了有穷、无穷、无限小（最小无内）、无穷大（最大无外）的定义和极限、瞬时等概念。公元 263 年刘徽首创的用“割圆术”求圆面积和方锥体积，并求得圆周率约等于 3.141 6，这些极限思想和无穷小方法是世界古代极限思想的深刻体现。

微积分思想虽然可追溯到古希腊，但它的概念和法则却是在 16 世纪下半叶开普勒、卡瓦列利等求积的不可分量思想和方法的基础上产生和发展起来的。而这些思想和方法从刘徽对圆锥、圆台、圆柱的体积公式的证明到公元 5 世纪祖恒求球体积的方法中都可找到。北宋大科学家沈括的《梦溪笔谈》独创了“隙积术”、“会圆术”和“棋局都数术”，开创了对高阶等差级数求和的研究。

南宋大数学家秦九韶于 1274 年撰写了划时代巨著《数书九章》十八卷，创造了举世闻名的“大衍求一术”——增乘开方法解任意次数字（高次）方程近似解，比西方早了 500 多年。

特别是 13 世纪 40 年代到 14 世纪初，中国古代数学在主要领域都达到了高峰，出现了“大衍总数术”（一次同余式组解法）、“垛积术”（高阶等差级数求和）、“招差术”（高次差内差法）、“天元术”（数字高次方程一般解法）、“四元术”（四元高次方程组解法）、勾股数学、弧矢割圆术、组合数学、计算技术改革和珠算等，这些都是在世界数学史上有重要地位的杰出成果。中国古代数学有了微积分前两阶段的出色工作，其中许多都是微积分得以创立的关键。中国已具备了 17 世纪发明微积分前夕的全部内在条件，已经接近了微积分的大门。可惜中国自元朝以后，八股取士制造成了学术上的大倒退，封建统治的文化专制和盲目排外致使包括数学在内的科学日渐衰落，在微积分创立的最关键一步上落伍了。

阅读材料二：人物传记

业绩永存的数学大师——柯西

19 世纪初期，微积分已发展为一个庞大的分支，内容丰富，应用非常广泛。与此同时，它的薄弱之处也越来越多地暴露出来，反映出微积分的理论基础并不严格。为了解决新问题并澄清微积分概念，数学家们展开了数学分析严谨化的工作，在分析基础的奠基工作中，做出卓越贡献的要推伟大的数学家柯西。

柯西（Augustinx-Louis Cauchy），1789 年 8 月 21 日出生于巴黎，父亲是一位精通古典文学的律师，与当时法国的大数学家拉格朗日（Lagrange）和拉普拉斯（Laplace）交往密切。柯西少年时代的数学才华颇受这两位数学家的赞赏，并预言柯西日后必成大器。拉格朗日向其父建议“赶快给柯西一种坚实的文学教育”，以便他的爱好不致把他引入歧途。父亲加强了对柯西的文学教养，使柯西在诗歌方面也表现出很高的才华。

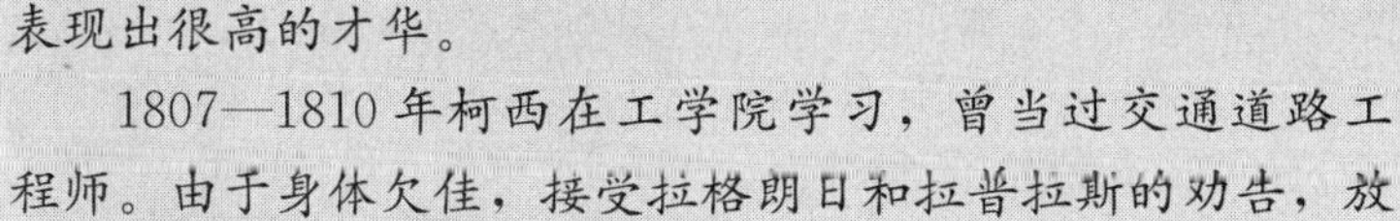

1807—1810 年柯西在工学院学习，曾当过交通道路工程师。由于身体欠佳，接受拉格朗日和拉普拉斯的劝告，放弃工程而致力于纯数学的研究，柯西在数学上的最大贡献是在微积分中引进了极限概念，并以极限为基础建立了逻辑清晰的分析体系。这是微积分发展史上的菁华，也是柯西对人类科学发展所做的巨大贡献。

1821 年柯西提出极限定义的 ε 方法，把极限过程用不等式来刻画，后经维尔斯特拉斯改进，成为现在所说的柯西极限定义或叫 $\varepsilon-\delta$ 定义。当今所有微积分的教科书都还（至少是在本质上）沿用着柯西等人关于极限、连续、导数、积分、收敛等概念的定义。柯西对定积分做了最系统的开创性工作，他把定积分定义为“和的极限”。在定积分运算之前，强调必须确立积分的存在性。他利用中值定理首先严格地证明了微积分基本定理：若 $y=f(x)$ 在 $[a,b]$ 上连续，则有

$$\frac{\mathrm{d}}{\mathrm{d}x}\int_a^x f(t)\mathrm{d}t=f(x)$$

其中 $a\leqslant x\leqslant b$。通过柯西及后来维尔斯特拉斯的艰辛工作，使数学分析的基本概念得到了严格的论述，从而结束了微积分两百年来思想上的混乱局面，把微积分及其推广从对几何概念、运动和直觉了解的完全依赖中解放出来，并使微分发展成为现代数学最基础、最庞大的数学学科。

柯西作为一位学者，他思路敏捷，功绩卓著，但他常常忽视青年人的创造。例如，由于柯西“失落”了才华出众的年轻数学家阿贝尔（Abel，1802—1829 年）与伽罗华（1811—1832 年）的开创性论文手稿，造成群论晚问世约半个世纪。1857 年 5 月 23 日，柯西在巴黎病逝。他临终的一句名言“人总是要死的，但是他们的业绩永存”长久地叩击着一代又一代学子的心扉。

科学巨擘——牛顿

伊撒克·牛顿（Isaac Newton），1642 年 12 月 25 日出生于英国林肯郡一个普通农民家庭，1727 年 3 月 20 日卒于英国伦敦，死后安葬在威尔敏斯特大教堂内，与英国的英雄们安息在一起。墓志铭的最后一句是“他是人类的真正骄傲”。当时法国大文豪伏尔泰正在英国访问，他不胜感慨地评论说，英国纪念一位科学家就像其他国家纪念国王一样隆重。

牛顿是世界著名的数学家、物理学家、天文学家，是自然科学界崇拜的偶像。单就数学方面的成就，就使他与古希腊的阿基米得、德国的“数学王子”高斯一起，被称为世界三大数学家。

牛顿将毕生的精力献身于数学和科学事业，为人类做出了卓越贡献，赢得了崇高的地位和荣誉。1669 年，即 27 岁时，由于写出了第一部重要著作——《运用无穷多项方程的分析学》，首次披露了流数术和反流数术（即后来所称的微分和积分）。虽两年后才公开出版，但他的导师巴罗（Barrow，英国，1630—1677 年）已从牛顿的手稿中窥视到数学的新纪元，毅然举荐牛顿接替了由他担任的“路卡斯教授”职位。1672 年，由于设计、制造了反射望远镜，牛顿被选为皇家学会会员；1688 年，被推选为国会议员；1697 年发表了不朽之作《自然科学的数学原理》；1699 年任英国造币厂厂长；1703 年当选为英国皇家学会会长，以后连选连任，直至逝世为止。1705 年，牛顿被英国女王封为爵士。莱布尼茨说：“在从世界开始到牛顿生活的全部数学中，牛顿的工作超过了一半。”

牛顿登上了科学的巅峰，并开辟了以后科学发展的道路。他成功的因素是多方面的。牛顿惊人的毅力，超凡的献身精神，实事求是的科学态度，殚尽竭虑的缜密思考，以及谦虚的美德等优秀品质，是他成功的决定性因素。

牛顿三岁时母亲改嫁，他寄养在贫穷的外婆家。自小未曾显露出神童般的才华和超常的禀赋，上小学时对学习不感兴趣，学业平庸，但他喜欢读书，喜欢看一些介绍各种简单机械模型制作方法的读物，并从中受到启发，自己动手制作些奇奇怪怪的小玩意，如风车、木钟、折叠式提灯等。上中学后，牛顿对自然科学产生了浓厚的兴趣，并立志要报考名牌大学，从而发奋读书，学习成绩突飞猛进。小牛顿曾与一位青梅竹马的漂亮女孩卿卿我我，但权衡爱情与事业，还是下决心选择了充满荆棘的科学险途，并终生未娶。

1661 年，牛顿如愿以偿，以优异的成绩考入久负盛名的剑桥大学三一学院，开始了苦读生涯。1667 年他返回剑桥大学，相继获得学士学位和硕士学位，并留校任教，他艰苦奋斗，三十多岁就白发满头。牛顿矢志科学的故事脍炙人口，比如看书时煮鸡蛋，结果将表和鸡蛋一齐煮在锅里。他的助手曾说过，“他很少在两三点前睡觉，有时一直工作到五六点。春天和秋天经常五六个星期住在实验室，直到完成实验。”他有一种长期坚持不懈集中精力透彻解决某一问题的习惯。他回答人们关于他洞察事物有何诀窍时说：“不断地沉思”。这正是他的主要特点。有一次，他请朋友到家中吃饭，自己却在实验室废寝忘食地工作，再三催促仍不出来，当朋友把一只鸡吃完，留下一堆骨头在盘中走了以后，牛顿才想起这事，可他看到盘中的骨头后又恍然大悟地说：“我还以为没有吃饭，原来我早已吃过了”。

牛顿并不只是苦行僧式的刻苦，更重要的是具有敏锐的悟性、深邃的思考、创造性的才能，以及“一切不凭臆造”、反复进行实验的务实精神。他曾说：“我的成功应当归于精心的思考”，“没有大胆的猜想就做不出伟大的发现”。

牛顿一生功绩卓越，成绩斐然，但他自己却很谦虚，临终时留下了这样一段遗言：“我不知道，世上人会怎样看我；不过，我自己觉得，我像一个在海边玩耍的孩子，一会儿捡起块比较光滑的卵石，一会儿找到个美丽些的贝壳；而在我面前，真理的大海还没有发现。”

牛顿有名师指引和提携，这是他成功的又一因素。在大学期间，由于学业出类拔萃，博得导师巴罗的厚爱。1664 年，经过考试，被选为巴罗的助手。1667 年 3 月从乡下被巴罗召回剑桥，翌年留校任教。由于成绩突出，39 的巴罗欣然把数学讲座的职位让给年仅 27 岁的牛顿。巴罗识才育人的高尚品质在科学界也传为佳话。

牛顿是对人类做出卓绝贡献的科学巨擘，得到世人的尊敬和仰慕。英国诗人蒲柏曾这样赋诗赞誉（杨振宁译）：

自然与自然规律为黑暗隐蔽，
上帝说，让牛顿来！
一切逐臻光明。

数学是一种理性的精神，使人类的思维得以运用到最完善的程度．

——克莱因

在一切成就中，未必再有什么像十七世纪下半叶微积分的发明那样看作人类精神的最高胜利了．如果在某个地方，我们看到人类精神的纯粹的和唯一的功绩，那就正在这里．

——恩格斯

第3章 积 分 学

积分学是微积分的另一重要组成部分．与微分学不同的是，积分学是研究函数的整体形态的，内容包括不定积分与定积分．

不定积分所讨论的是，如何通过函数 $F(x)$ 的导函数 $f(x)$ 求函数 $F(x)$ 的问题，这种运算与微分学中已知函数 $F(x)$ 求其导函数 $f(x)$ 正好相反，因而不定积分与微分是两种互逆的运算．不定积分揭示了微分与积分的这种互逆性，而定积分是解决整体量问题的．

3.1 原函数与不定积分的概念

3.1.1 不定积分的定义

本节研究微分运算的逆运算——不定积分，这是积分学的基本问题之一．为了讨论这一类问题，先引入原函数的概念．

1. 原函数与不定积分的概念

定义 3-1 设函数 $f(x)$ 在区间 I 上有定义，若存在函数 $F(x)$，使得对任意的 $x \in I$，都有

$$F'(x) = f(x)$$

或者

$$\mathrm{d}F(x) = f(x)\mathrm{d}x$$

那么称 $F(x)$ 为 $f(x)$ 在区间 I 上的一个原函数．

例如，$\dfrac{1}{3}x^3$ 是 x^2 在实数集 $\mathbf{R}$ 上的一个原函数；$-\dfrac{1}{2}\cos 2x+1$，$\sin^2 x$，$-\cos^2 x$ 等都是 $\sin 2x$ 在 $\mathbf{R}$ 上的原函数．

显然，若 $F(x)$ 是 $f(x)$ 在区间 I 上的一个原函数，则函数 $F(x)+C$（C 为任意常数）也是 $f(x)$ 的原函数．这说明，若 $f(x)$ 存在原函数，则其原函数个数有无穷多

个．

关于原函数，可以考虑下面两个问题．

（1）原函数的存在问题

什么样的函数存在原函数？关于这个问题，有如下定理成立．

定理 3-1 若函数 $f(x)$ 在区间 I 上连续，则 $f(x)$ 在 I 上存在原函数．

简单地说，就是**连续函数一定有原函数**．

需要进一步指出的是，因为初等函数在其定义区间内都是连续的，所以**初等函数在其定义区间内都有原函数**．

（2）原函数的结构问题

若 $F(x)$ 是 $f(x)$ 在区间 I 上的一个原函数，则函数 $F(x)+C$（C 为任意常数）也是 $f(x)$ 的原函数．那么除了 $F(x)+C$ 外，$f(x)$ 还有没有其他形式的原函数呢？

设 $F(x)$ 和 $G(x)$ 都是 $f(x)$ 的原函数，即 $F'(x)=f(x)$，$G'(x)=f(x)$，则对任意的 $x\in I$，有

$$[F(x)-G(x)]'=F'(x)-G'(x)=f(x)-f(x)\equiv 0$$

所以

$$F(x)-G(x)=C$$

即

$$G(x)=F(x)+C$$

这表明，若 $f(x)$ 在区间 I 上存在原函数，那么 $f(x)$ 在区间 I 上的任何两个原函数之间只相差一个常数，即若 $F(x)$ 是 $f(x)$ 在区间 I 上的一个原函数，则 $F(x)+C$ 就是 $f(x)$ 在区间 I 上的原函数的一般表达形式．

定义 3-2 函数 $f(x)$ 在区间 I 上的全体原函数叫做 $f(x)$ 在区间 I 上的不定积分，记作 $\int f(x)\mathrm{d}x$．其中的记号"$\int$"称为积分号，$f(x)$ 称为被积函数，$f(x)\mathrm{d}x$ 称为积分表达式，x 称为积分变量．

由定义 3-2，若 $F(x)$ 是 $f(x)$ 在区间上的一个原函数，则

$$\int f(x)\mathrm{d}x=F(x)+C$$

其中，任意常数 C 称为积分常数．

不定积分与原函数的关系是整体与个体的关系，求 $f(x)$ 的不定积分只要求得 $f(x)$

的一个原函数 $F(x)$ 再加上一个任意常数 C 即可．

【例 3－1】 求积分 $\int \cos x\mathrm{d}x$

解 $\int \cos x\mathrm{d}x = \sin x + C$

【例 3－2】 求积分 $\int 3x^2\mathrm{d}x$

解 $\int 3x^2\mathrm{d}x = x^3 + C$

2. 不定积分的几何意义

下面先来看一个例子．

【例 3－3】 求通过点 $(2,5)$ 而斜率为 $2x$ 的曲线方程．

解 设所求的曲线方程是 $y=F(x)$. 由导数的几何意义，已知曲线斜率 $k=2x$，就是 $F'(x)=2x$. 而

$$\int 2x\mathrm{d}x = x^2 + C$$

于是

$$y = F(x) = x^2 + C$$

$y=x^2$ 是一条抛物线，而 $y=x^2+C$ 是一族抛物线．我们要求的曲线是这一族抛物线中过 $(2,5)$ 的那一条．于是，将 $x=2$，$y=5$ 代入 $y=x^2+C$ 中可确定积分常数 C 为：$5=2^2+C$，即 $C=1$.

综上可知，所求的曲线方程是 $y=x^2+1$.

从几何上看，抛物线族 $y=x^2+C$ 是由其中一条抛物线 $y=x^2$ 沿着 y 轴平移而得，在横坐标 x 相同的点的切线是互相平行的．

一般来说，若 $F(x)$ 是 $f(x)$ 的一个原函数，则 $F(x)+C$（C 为任意常数）是 $f(x)$ 的原函数．这样，对于 C 的一个确定的值 C_0，就对应 $f(x)$ 的一个原函数 $F(x)+C_0$. 在直角坐标系中，称由 $F(x)+C_0$ 所确定的曲线为 $f(x)$ 的一条**积分曲线**．因为 C 可以取一切实数值，所以积分曲线有无穷多条．称函数 $f(x)$ 的积分曲线全体为 $f(x)$ 的**积分曲线族**（如图 3－1）．因此，不定积分 $\int f(x)\mathrm{d}x$ 在几何上表示为函数 $f(x)$ 的积分曲线族 $F(x)+C$.

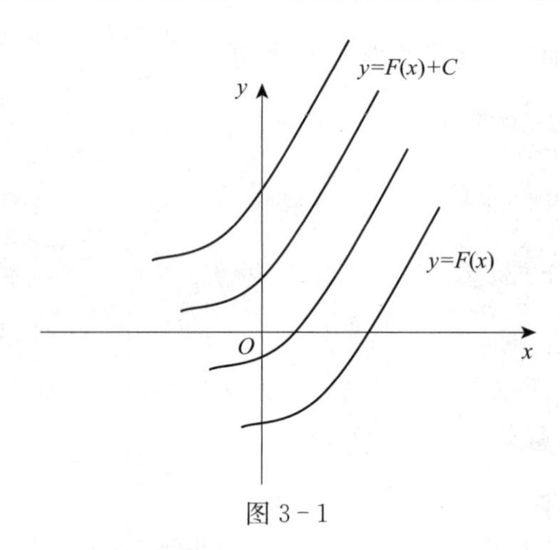

图 3-1

3.1.2 不定积分的性质及积分公式

1. 不定积分的性质

性质 1 设函数 $f(x)$，$g(x)$的不定积分都存在，则

$$\int[f(x) \pm g(x)]\mathrm{d}x = \int f(x)\mathrm{d}x \pm \int g(x)\mathrm{d}x$$

性质 2 设函数 $f(x)$ 的不定积分存在，k 为不为零的常数，则

$$\int kf(x)\mathrm{d}x = k\int f(x)\mathrm{d}x \quad (k\text{ 是常数}, k \neq 0)$$

性质 3 不定积分与微分（导数）的关系

(1) $\left[\int f(x)\mathrm{d}x\right]' = f(x)$ 或 $\mathrm{d}\left[\int f(x)\mathrm{d}x\right] = f(x)\mathrm{d}x$

(2) $\int F'(x)\mathrm{d}x = F(x) + C$ 或 $\int \mathrm{d}F(x) = F(x) + C$

由此可见，求不定积分与求导运算在相差一个常数的意义下互为逆运算．类似于除法的计算是利用其逆运算乘法运算进行的，基于求不定积分与求导互为逆运算的关系，不定积分的各种计算方法也可以由求导的相应方法得到．首先可以根据已知的基本求导公式，得出基本积分公式；然后根据求导运算的线性性质给出求不定积分的线性性质；进一步根据复合函数求导法则导出不定积分的变量代换；最后根据函数乘积的求导法则导出分部积分法，这样就可以求得较为广泛的函数类的不定积分．

2. 不定积分的基本公式

由基本求导公式相应地可得下列基本积分公式．

(1) $\int k\mathrm{d}x = kx + C$ （k 为常数）

(2) $\int x^{\alpha}\mathrm{d}x = \frac{1}{1+\alpha}x^{\alpha+1} + C$ （$\alpha \neq -1, x > 0$）

(3) $\int \frac{1}{x}\mathrm{d}x = \ln|x| + C$ （$x \neq 0$）

(4) $\int \mathrm{e}^{x}\mathrm{d}x = \mathrm{e}^{x} + C$

(5) $\int a^{x}\mathrm{d}x = \frac{a^{x}}{\ln a} + C$ （$a > 0, a \neq 1$）

(6) $\int \cos x\mathrm{d}x = \sin x + C$

(7) $\int \sin x\mathrm{d}x = -\cos x + C$

(8) $\int \sec^{2} x\mathrm{d}x = \tan x + C$

(9) $\int \csc^{2} x\mathrm{d}x = -\cot x + C$

(10) $\int \sec x\tan x\mathrm{d}x = \sec x + C$

(11) $\int \csc x\cot x\mathrm{d}x = -\csc x + C$

(12) $\int \frac{1}{1+x^{2}}\mathrm{d}x = \arctan x + C$

(13) $\int \frac{1}{\sqrt{1-x^{2}}}\mathrm{d}x = \arcsin x + C$

利用基本积分公式和不定积分的性质，可以求出一些比较简单的函数的不定积分，称之为**直接积分法**.

【例 3-4】 求积分 $\int 4\mathrm{e}^{x}\mathrm{d}x$

解 $\int 4\mathrm{e}^{x}\mathrm{d}x = 4\int \mathrm{e}^{x}\mathrm{d}x = 4\mathrm{e}^{x} + C$

【例 3-5】 求积分 $\int \frac{2x^{2}+1}{x^{2}+1}\mathrm{d}x$

解
$$\int \frac{2x^{2}+1}{x^{2}+1}\mathrm{d}x = \int \frac{2(x^{2}+1)-1}{x^{2}+1}\mathrm{d}x = \int \left(2 - \frac{1}{x^{2}+1}\right)\mathrm{d}x = \int 2\mathrm{d}x - \int \frac{1}{x^{2}+1}\mathrm{d}x$$
$$= 2x - \arctan x + C$$

【例 3-6】 求积分 $\int \frac{2x-\sqrt{x}+3}{x}\mathrm{d}x$

解 $\int \frac{2x-\sqrt{x}+3}{x}\mathrm{d}x=\int 2\mathrm{d}x-\int \frac{1}{\sqrt{x}}\mathrm{d}x+3\int \frac{1}{x}\mathrm{d}x=2x-2\sqrt{x}+3\ln|x|+C$

【例 3-7】 求积分 $\int \frac{1}{\cos^2 x\sin^2 x}\mathrm{d}x$

解 $\int \frac{1}{\cos^2 x\sin^2 x}\mathrm{d}x=\int \frac{\cos^2 x+\sin^2 x}{\cos^2 x\sin^2 x}\mathrm{d}x=\int(\csc^2 x+\sec^2 x)\mathrm{d}x$

$$=-\cot x+\tan x+C$$

【例 3-8】 求积分 $\int \cos^2 \frac{x}{2}\mathrm{d}x$

解 $\int \cos^2 \frac{x}{2}\mathrm{d}x=\frac{1}{2}\int(1+\cos x)\mathrm{d}x=\frac{1}{2}(x+\sin x)+C$

习题 3.1

1. 试验证 $y=4+\arctan x$ 与 $y=\arcsin \frac{x}{\sqrt{1+x^2}}$ 是同一个函数的原函数.

2. 设一曲线通过点(3,4)，并且在曲线上的每一点处切线的斜率都为 $5x$，求此曲线方程.

3. 求下列不定积分.

(1) $\int x^4\mathrm{d}x$　　(2) $\int x\sqrt{x}\mathrm{d}x$

(3) $\int\left(\frac{1}{x}+4^x\right)\mathrm{d}x$　　(4) $\int \tan^2 x\mathrm{d}x$

(5) $\int \sin^2 \frac{x}{2}\mathrm{d}x$　　(6) $\int 3^x \mathrm{e}^x\mathrm{d}x$

(7) $\int(10^x-1)^2\mathrm{d}x$　　(8) $\int \frac{1}{x^2(x^2+1)}\mathrm{d}x$

3.2 不定积分的换元法

利用基本积分表与不定积分的性质，所能计算的不定积分是非常有限的. 因此，有必要进一步研究不定积分的求法，本节把复合函数的微分法反过来用于求不定积分，利用中间变量的代换，得到复合函数的积分法，称为换元积分法，简称换元法.

3.2.1 第一类换元积分法（凑微分）

【例 3-9】 求积分 $\int \cos 5x\mathrm{d}x$

解 这个积分在基本积分公式表中是找不到的．因为

$$\cos 5x\mathrm{d}x = \frac{1}{5}\cos 5x\mathrm{d}(5x)$$

所以

$$\int\cos 5x\mathrm{d}x = \int \frac{1}{5}\cos 5x\mathrm{d}(5x) = \frac{1}{5}\int\cos 5x\mathrm{d}(5x)$$

再令 $5x=u$，则上述积分就变为

$$\frac{1}{5}\int\cos 5x\mathrm{d}(5x) = \frac{1}{5}\int\cos u\mathrm{d}u$$

这在基本积分公式表中可以查到，然后再代回原来的变量 x，就求得积分

$$\begin{aligned}\int\cos 5x\mathrm{d}x &= \frac{1}{5}\int\cos 5x\mathrm{d}(5x) = \frac{1}{5}\int\cos u\mathrm{d}u \\ &= \frac{1}{5}\sin u + C = \frac{1}{5}\sin 5x + C\end{aligned}$$

例 3－9 所用的方法是把被积函数改写后引进新变量 $u=\varphi(x)$，把对 x 的积分化成对 u 的积分，若此积分可求出，最后再把 u 换回成 $\varphi(x)$ 就得到原来要求的积分．这种积分法实质上是把被积式凑成某一已知函数的微分形式，以便利用基本积分公式求得积分，所以又叫做**凑微分法**．

定理 3－2 设 $f(u)$ 具有原函数 $F(u)$，且 $u=\varphi(x)$ 可导，则

$$\int f[\varphi(x)]\varphi'(x)\mathrm{d}x = \left[\int f(u)\mathrm{d}u\right]_{u=\varphi(x)} = [F(u)+C]_{u=\varphi(x)} = F[\varphi(x)]+C$$

证明 因为 $F'(u)=f(u)$ 或者 $\int f(u)\mathrm{d}u=F(u)+C$，而 $F[\varphi(x)]$ 是由 $F(u)$、$u=\varphi(x)$复合而成，故

$$\{F[\varphi(x)]\}' = F'[(u)]\varphi'(x) = f(u)\varphi'(x) = f[\varphi(x)]\varphi'(x)$$

由不定积分的定义，有

$$\int f[\varphi(x)]\varphi'(x)\mathrm{d}x = \left[\int f(u)\mathrm{d}u\right]_{u=\varphi(x)} = F[\varphi(x)]+C$$

如何使用此公式求不定积分呢？先将要求的不定积分 $\int g(x)\mathrm{d}x$ 写成形如

$$\int g(x)\mathrm{d}x = \int f[\varphi(x)]\varphi'(x)\mathrm{d}x = \int f[\varphi(x)]\mathrm{d}\varphi(x)$$

作代换 $u=\varphi(x)$，则原式变为 $\int f(u)\mathrm{d}u$，并求出 $\int f(u)\mathrm{d}u=F(u)+C$，最后将 $u=\varphi(x)$ 代回，便得所求积分．

【例 3－10】 求积分 $\int \sin 2x\mathrm{d}x$

解 设 $u=2x$，则

$$\int \sin 2x\mathrm{d}x=\frac{1}{2}\int \sin u\mathrm{d}u=-\frac{1}{2}\cos u+C$$

将 $u=2x$ 代入，即得

$$\int \sin 2x\mathrm{d}x=-\frac{1}{2}\cos 2x+C$$

【例 3－11】 求积分 $\int \mathrm{e}^{at}\mathrm{d}t$

解 令 $u=at$，则

$$\int \mathrm{e}^{at}\mathrm{d}t=\frac{1}{a}\int \mathrm{e}^{u}\mathrm{d}u=\frac{1}{a}\mathrm{e}^{u}+C=\frac{1}{a}\mathrm{e}^{at}+C$$

【例 3－12】 求积分 $\int 2x\mathrm{e}^{x^2}\mathrm{d}x$

解 令 $u=x^2$，则

$$\int 2x\mathrm{e}^{x^2}\mathrm{d}x=\int \mathrm{e}^{x^2}\mathrm{d}x^2=\int \mathrm{e}^{u}\mathrm{d}u=\mathrm{e}^{u}+C=\mathrm{e}^{x^2}+C$$

【例 3－13】 求积分 $\int x\sqrt{1-x^2}\mathrm{d}x$

解 令 $1-x^2=u$，则

$$\int x\sqrt{1-x^2}\mathrm{d}x=-\frac{1}{2}\int \sqrt{1-x^2}\mathrm{d}(1-x^2)=-\frac{1}{2}\int \sqrt{u}\mathrm{d}u$$

$$=-\frac{1}{2}\times\frac{2}{3}u^{\frac{3}{2}}+C=-\frac{1}{3}(1-x^2)^{\frac{3}{2}}+C$$

一般地，对于积分 $\int x^{n-1}f(x^n)\mathrm{d}x$，可以选择代换 $u=x^n$ 或凑微分为

$$\int x^{n-1}f(x^n)\mathrm{d}x=\frac{1}{n}\int f(x^n)\mathrm{d}x^n$$

凑微分法熟练后可以不必写出中间变量 u.

上述的凑微分法都是对给定的具体函数来求积分的．如果善于用凑微分法解决不定积分的例子，不难总结出以下的一些方法．

$$\int f(ax+b)\mathrm{d}x = \frac{1}{a}\int f(ax+b)\mathrm{d}(ax+b)$$

$$\int xf(x^2)\mathrm{d}x = \frac{1}{2}\int f(x^2)\mathrm{d}(x^2)$$

$$\int f(\ln x)\frac{\mathrm{d}x}{x} = \int f(\ln x)\mathrm{d}(\ln x)$$

$$\int \mathrm{e}^x f(\mathrm{e}^x)\mathrm{d}x = \int f(\mathrm{e}^x)\mathrm{d}(\mathrm{e}^x)$$

$$\int f(\sin x)\cos x\mathrm{d}x = \int f(\sin x)\mathrm{d}(\sin x)$$

$$\int \frac{f(\tan x)}{\cos^2 x}\mathrm{d}x = \int f(\tan x)\mathrm{d}(\tan x)$$

$$\int f(\arcsin x)\frac{\mathrm{d}x}{\sqrt{1-x^2}} = \int f(\arcsin x)\mathrm{d}(\arcsin x)$$

$$\vdots$$

【例 3-14】 求积分$\int \frac{\cos\sqrt{x}}{\sqrt{x}}\mathrm{d}x$

解 $\int \frac{\cos\sqrt{x}}{\sqrt{x}}\mathrm{d}x = 2\int \cos\sqrt{x}\mathrm{d}\sqrt{x} = 2\sin\sqrt{x}+C$

【例 3-15】 求积分$\int \frac{1+\ln^2 x}{x}\mathrm{d}x$

解 $\int \frac{1+\ln^2 x}{x}\mathrm{d}x = \int (1+\ln^2 x)\mathrm{d}(\ln x) = \int 1\mathrm{d}(\ln x) + \int \ln^2 x\mathrm{d}(\ln x)$

$$= \ln x + \frac{1}{3}\ln^3 x + C$$

3.2.2 第二类换元积分法

在第一类换元积分法中，作代换 $u=\varphi(x)$ 使得积分由 $\int f[\varphi(x)]\varphi'(x)\mathrm{d}x$ 变为积分 $\int f(u)\mathrm{d}u$，从而利用 $f(u)$ 的原函数求出积分．但是这样的代换对于被积函数是无理形式的情况，如$\int \sqrt{a^2-x^2}\mathrm{d}x$，$\int \frac{1}{1+\sqrt{x}}\mathrm{d}x$ 等积分不适用，这时应采用适当的代换去掉根号．

定理 3-3 设 $x=\varphi(t)$ 是单调、可导的函数，并且 $\varphi'(t)\neq 0$，又设 $f[\varphi(t)]\varphi'(t)$ 的一个原函数为 $F(t)$，则有

$$\int f(x)\mathrm{d}x=\int f[\varphi(t)]\varphi'(t)\mathrm{d}t=F(t)+C=F[\varphi^{-1}(x)]+C$$

事实上，$F[\varphi^{-1}(x)]$是由 $F(t)$ 与 $x=\varphi(t)$ 的反函数 $t=\varphi^{-1}(x)$ 复合而成的，故

$$\{F[\varphi^{-1}(x)]\}'=F'(t)[\varphi^{-1}(x)]'=f[\varphi(t)]\varphi'(t)\frac{1}{\varphi'(t)}=f[\varphi(t)]=f(x)$$

上式中，相当于作了代换 $x=\varphi(t)$，称此换元法为第二类换元积分法 .

【例 3-16】 求积分 $\int\sqrt{a^2-x^2}\mathrm{d}x(a>0)$

解 作代换 $x=a\sin t\left(-\frac{\pi}{2}<t<\frac{\pi}{2}\right)$，可以去掉被积函数中的根号，这时

$$\begin{aligned}\int\sqrt{a^2-x^2}\mathrm{d}x&=\int\sqrt{a^2-a^2\sin^2 t}\cdot a\cos t\mathrm{d}t=a^2\int\cos^2 t\mathrm{d}t\\&=\frac{a^2}{2}\int(1+\cos 2t)\mathrm{d}t=\frac{a^2}{2}(t+\sin t\cos t)+C\end{aligned}$$

根据 $\sin t=\frac{x}{a}$ 作辅助三角形，即得 $\cos t=\frac{\sqrt{a^2-x^2}}{a}$，因此

$$\begin{aligned}\int\sqrt{a^2-x^2}\mathrm{d}x&=\frac{a^2}{2}\left(\arcsin\frac{x}{a}+\frac{x}{a}\frac{\sqrt{a^2-x^2}}{a}\right)+C\\&=\frac{a^2}{2}\arcsin\frac{x}{a}+\frac{x\sqrt{a^2-x^2}}{2}+C\end{aligned}$$

这种换元的方法称为**三角换元法** .

被积函数中如果含有$\sqrt{a^2-x^2}$，$\sqrt{x^2\pm a^2}$等根式，可以考虑使用三角换元法，其目的是去掉被积函数中的根号，然后再结合其他积分方法完成积分 .

【例 3-17】 求积分 $\int\frac{1}{1+\sqrt{x}}\mathrm{d}x$

解 作代换 $x=u^2$，可以去掉被积函数中的根号，这时

$$\begin{aligned}\int\frac{1}{1+\sqrt{x}}\mathrm{d}x&=\int\frac{1}{1+u}2u\mathrm{d}u=2\int\frac{u}{1+u}\mathrm{d}u=2\int\left(1-\frac{1}{1+u}\right)\mathrm{d}u\\&=2[u-\ln(1+u)]+C=2\sqrt{x}-2\ln(1+\sqrt{x})+C\end{aligned}$$

习题 3.2

1. 求下列不定积分.

(1) $\int \frac{e^x}{1+e^x}dx$

(2) $\int \frac{1}{a^2+x^2}dx$

(3) $\int \frac{1}{x^2+2x+2}dx$

(4) $\int e^{2x}dx$

(5) $\int 2x\sin x^2 dx$

(6) $\int \sqrt{3x}dx$

(7) $\int \sqrt{2+3x}dx$

(8) $\int \frac{1}{2x-1}dx$

(9) $\int (1-x)^2 dx$

(10) $\int \cot x dx$

(11) $\int \frac{1}{x\ln x}dx$

(12) $\int \cos(3x+1)dx$

(13) $\int \frac{1}{\sqrt{a^2-x^2}}dx$

(14) $\int \frac{1}{3^x}dx$

2. 求下列不定积分.

(1) $\int \frac{1}{\sqrt{x}}e^{3\sqrt{x}}dx$

(2) $\int x\sqrt{1-x}dx$

(3) $\int \frac{1}{1+\sqrt{2x}}dx$

(4) $\int \sqrt{1-x^2}dx$

3.3 分部积分法

前面在复合函数求导法则的基础上得到了换元积分法，现在利用两个函数乘积的求导法则，来推得另一个求积分的基本方法——分部积分法.

设函数 $u=u(x)$，$v=v(x)$具有连续导数，那么两个函数乘积的导数公式为

$$(uv)'=u'v+uv'$$

移项，得

$$uv'=(uv)'-u'v$$

两端对 x 积分得

$$\int uv'dx=\int (uv)'dx-\int u'vdx=uv-\int u'vdx$$

即

$$\int uv'\mathrm{d}x = uv - \int u'v\mathrm{d}x \text{ 或} \int u\mathrm{d}v = uv - \int v\mathrm{d}u$$

这就是不定积分的**分部积分公式**.

当 uv' 的原函数不易求出时，可以利用分部积分法转而试求 vu' 的原函数．由此可见，使用分部积分法的关键在于适当选取被积表达式中的 u 和 $\mathrm{d}v$，使右边的不定积分容易求出．如果选择不当，可能反而会使所求不定积分更加复杂．

【例 3-18】 求积分 $\int x\sin x\mathrm{d}x$

解 若令 $u=\sin x$，$\mathrm{d}v=x\mathrm{d}x$，则

$$\int x\sin x\mathrm{d}x = \frac{1}{2}\int \sin x\mathrm{d}x^2 = \frac{1}{2}\left(x^2\sin x - \int x^2\cos x\mathrm{d}x\right)$$

上式中 $\int x^2\cos x\mathrm{d}x$ 比原积分 $\int x\sin x\mathrm{d}x$ 更难以计算，这说明 u，v 选择不当，应重新选择，令 $u=x$，$\mathrm{d}v=\sin x\mathrm{d}x$，则有

$$\int x\sin x\mathrm{d}x = -x\cos x + \int \cos x\mathrm{d}x = -x\cos x + \sin x + C$$

在实际计算时，把哪个函数作为 u 呢？有人总结的经验是“反对幂指三”．指的是，在考虑被积表达式哪个函数是 u 时，优先次序为：反三角函数，对数函数，幂函数，指数函数和三角函数．这在很多情况下是适用的，但也要注意，这只是对多数情况下解题经验的总结，不是绝对的，应注意灵活掌握．

【例 3-19】 求积分 $\int \ln x\mathrm{d}x$

解 令 $u=\ln x$，$\mathrm{d}v=\mathrm{d}x$，则

$$\int u\mathrm{d}v = xu - \int x\cdot\frac{1}{x}\mathrm{d}v = x\ln x - \int \mathrm{d}x = x(\ln x - 1) + C$$

熟练以后，不必写出 u，v. 只要把被积表达式凑成 $u\mathrm{d}v$ 形式，便可以使用分部积分公式．

有时，要重复使用分部积分公式几次才能求得积分．

【例 3-20】 求积分 $\int x^2\mathrm{e}^x\mathrm{d}x$

解
$$\int x^2\mathrm{e}^x\mathrm{d}x = x^2\mathrm{e}^x - 2\int x\mathrm{e}^x\mathrm{d}x$$

对后面的不定积分再用分部积分法，有

$$\int xe^x\mathrm{d}x=\int x\mathrm{d}e^x=xe^x-e^x+C$$

代入前式即得

$$\int x^2e^x\mathrm{d}x=(x^2-2x+2)e^x+C$$

【例 3-21】 求积分 $\int e^x\sin x\mathrm{d}x$

解 $\int e^x\sin x\mathrm{d}x=\int\sin x\mathrm{d}e^x=e^x\sin x-\int e^x\mathrm{d}(\sin x)=e^x\sin x-\int e^x\cos x\mathrm{d}x$

等式右端的积分 $\int e^x\cos x\mathrm{d}x$ 与所要求的不定积分是同一类型，若对右端的积分再次使用分部积分法，得

$$\int e^x\sin x\mathrm{d}x=e^x\sin x-\int\cos x\mathrm{d}e^x=e^x\sin x-e^x\cos x-\int e^x\sin x\mathrm{d}x$$

把右端末项移到左端，得

$$\int e^x\sin x\mathrm{d}x=\frac{1}{2}e^x(\sin x-\cos x)+C$$

积分常数 C 是在最后才写上去的.

有些不定积分，需要综合应用换元积分法与分部积分法方可求得结果.

【例 3-22】 求积分 $\int\cos\sqrt{x}\mathrm{d}x$

解 令 $\sqrt{x}=t$，即 $x=t^2$，则 $\mathrm{d}x=2t\mathrm{d}t$，于是

$$\int\cos\sqrt{x}\mathrm{d}x=\int\cos t\cdot 2t\mathrm{d}t=2\int t\mathrm{d}\sin t=2t\sin t-2\int\sin t\mathrm{d}t$$
$$=2t\sin t+2\cos t+C=2\sqrt{x}\sin\sqrt{x}+2\cos\sqrt{x}+C$$

此例也可以先用分部积分法，再用换元积分法.

习题 3.3

利用分部积分法求下列不定积分.

(1) $\int xa^x\mathrm{d}x$ (2) $\int\frac{x}{e^x}\mathrm{d}x$

(3) $\int x\sin 2x\mathrm{d}x$ (4) $\int x^2\sin 2x\mathrm{d}x$

(5) $\int x\sin^2 2x\mathrm{d}x$ (6) $\int \arcsin x\mathrm{d}x$

(7) $\int x\arctan x\mathrm{d}x$ (8) $\int x^2\ln(1+x)\mathrm{d}x$

3.4 定积分的概念与性质

本节主要使用极限方法来研究积分学的第二个基本问题——定积分．与导数一样，定积分的概念也是在分析和解决实际问题的过程中逐步发展起来的．下面以求曲边梯形的面积和求变速直线运动物体所经过的路程为例，引出定积分的定义，并在此基础上讨论定积分的基本性质．

3.4.1 定积分的概念

1. 引例

【例 3-23】 求曲边梯形的面积．

设函数 $y=f(x)$ 在区间 $[a,b]$ 上非负、连续．由直线 $x=a$，$x=b$，$y=0$ 及曲线 $y=f(x)$ 所围成的图形（如图 3-2）称为曲边梯形，其中曲线弧称为曲边．

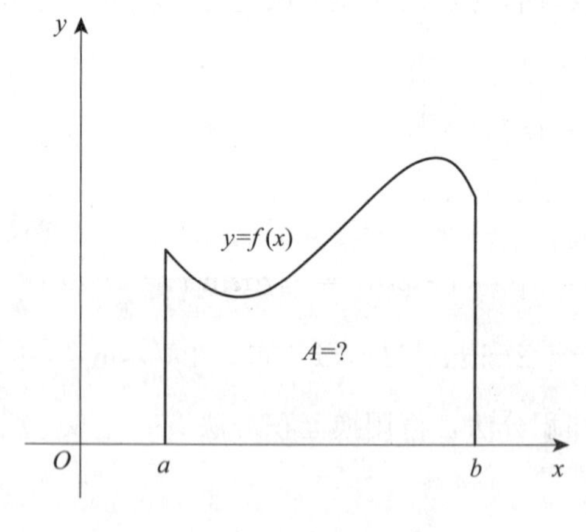

图 3-2

我们知道，若函数 $f(x)$ 是常量函数，则曲边梯形即为矩形，其面积 $S_{矩形}$ 的计算公式为 $S_{矩形}=$底×高．现在的问题是在 $[a,b]$ 上 $y=f(x)$ 不都是常量函数，即曲边梯形在底边上各点处的高度 $f(x)$ 在 $[a,b]$ 上是变动的．那么能否创造条件，用“不变代变”来解决这个问题呢？

为此，我们用许多平行于 y 轴的直线把曲边梯形分割成许多窄曲边梯形．对于每个小曲边梯形，由于它的底边很短，曲边 $f(x)$ 又是连续变化的，所以它的高度变化不大，可以把高度近似地看作是一个不变的常数．这样，每个小曲边梯形的面积可以用一个同底的小矩形的面积来近似地代替，把所有这些小矩形面积加起来，就得到整个曲边梯形面积的近似值．显然，分割得越细，所得的近似值就越接近曲边梯形的面积．因此，把 $[a,b]$ 无限细分（即每个小矩形的底边长都趋于 0）时的近似值的极限定义为曲边梯形的面积．

根据以上分析，具体做法如下。

（1）分割：在区间 $[a,b]$ 内插入 $n-1$ 个分点

$$a=x_1<x_2<\cdots<x_n<x_{n+1}=b$$

把区间 $[a,b]$ 分成 n 个小区间

$$[x_1,x_2],[x_2,x_3],\cdots,[x_i,x_{i+1}],\cdots,[x_n,x_{n+1}]$$

各小区间的长度依次为 $\Delta x_i=x_{i+1}-x_i$，$(i=1,2,\cdots,n)$.

在每个小区间 $[x_i,x_{i+1}]$ 上任取一点 ξ_i，则以 $[x_i,x_{i+1}]$ 为底，以 $f(\xi_i)$ 为高的小矩形面积为 $A_i=f(\xi_i)\Delta x_i$，如图 3-3 所示．

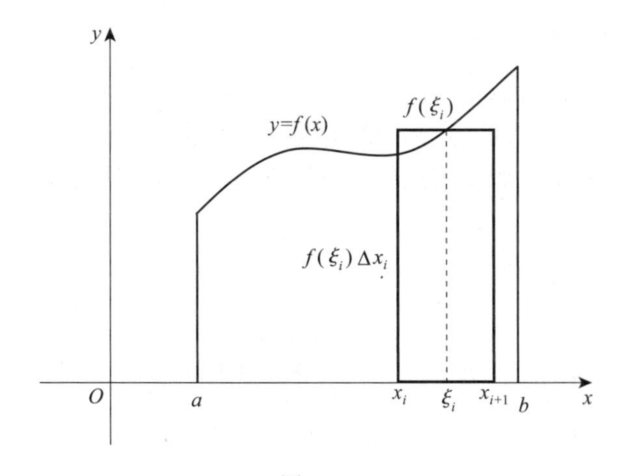

图 3-3

（2）近似求和：曲边梯形面积的近似值为

$$A\approx\sum_{i=1}^{n}f(\xi_i)\Delta x_i$$

（3）取极限：当分割无限加细，即小区间的最大长度 $\lambda=\max\{\Delta x_1,\Delta x_2,\cdots,\Delta x_n\}$ 趋近于零时，曲边梯形面积为 $A=\lim\limits_{\lambda\to 0}\sum\limits_{i=1}^{n}f(\xi_i)\Delta x_i$.

【例 3-24】 求变速直线运动的路程．

设某物体作直线运动，已知速度 $v=v(t)$ 是时间间隔 $[T_1,T_2]$ 上 t 的一个连续函数，且 $v(t)\geqslant 0$，求物体在这段时间内所经过的路程 s.

用上例中同样的方法处理：把整段时间分割成若干小段，把每小段上的速度看作不变，求出各小段的路程再相加，便得到路程的近似值，最后通过对时间的无限细分过程求得路程的精确值．

（1）分割：在时间间隔 $[T_1,T_2]$ 内插 $n-1$ 个分点

$$T_1=t_1<t_2<\cdots<t_{n-1}<t_n<t_{n+1}=T_2$$

$$\Delta t_i=t_{i+1}-t_i\quad(i=1,2,\cdots,n)$$

$$\Delta s_i\approx v(\xi_i)\Delta t_i\quad(i=1,2,\cdots,n)$$

（2）近似求和：路程的近似值为

$$s\approx\sum_{i=1}^{n}v(\xi_i)\Delta t_i$$

（3）取极限：当分割无限加细，小区间的最大长度 $\lambda=\max\{\Delta t_1,\Delta t_2,\cdots,\Delta t_n\}$ 趋近于零时，路程的精确值 $s=\lim\limits_{\lambda\to 0}\sum\limits_{i=1}^{n}v(\xi_i)\Delta t_i$.

以上两例，尽管实际背景不同，但是处理问题的方式是相同的，都采用化整为零、以不变代变、逐渐逼近的方式，且都归结为某一函数在某一区间上的特殊和式的极限，并且这个极限与区间的分法和中间点的选取无关．舍弃其实际背景，可以给出定积分的定义．

2. 定积分的定义

定义 3-3 设函数 $f(x)$ 在 $[a,b]$ 上有界，在 $[a,b]$ 中任意插入 $n-1$ 个分点

$$a=x_1<x_2<\cdots<x_{n-1}<x_n<x_{n+1}=b$$

把区间 $[a,b]$ 分成 n 个小区间

$$[x_1,x_2],[x_2,x_3],\cdots,[x_i,x_{i+1}],\cdots,[x_n,x_{n+1}]$$

各小区间的长度依次为 $\Delta x_i=x_{i+1}-x_i$（$i=1,2,\cdots,n$），在各小区间上任取一点 $\xi_i(x_i\leqslant\xi_i\leqslant x_{i+1})$，作乘积 $f(\xi_i)\Delta x_i(i=1,2,\cdots,n)$，并作和

$$S=\sum_{i=1}^{n}f(\xi_i)\Delta x_i$$

记 $\lambda=\max\{\Delta x_1,\Delta x_2,\cdots,\Delta x_n\}$，如果无论对 $[a,b]$ 怎样分法，也无论在小区间 $[x_i, x_{i+1}]$ 上点 ξ_i 怎样取法，极限 $\lim\limits_{\lambda\to 0}\sum\limits_{i=1}^{n}f(\xi_i)\Delta x_i$ 总存在，则称 $f(x)$ 在 $[a,b]$ 上可积，称这个极限为函数 $f(x)$ 在区间 $[a,b]$ 上的定积分，记为

$$\int_a^b f(x)\mathrm{d}x=\lim_{\lambda\to 0}\sum_{i=1}^{n}f(\xi_i)\Delta x_i$$

其中，$f(x)$称为被积函数，$f(x)\mathrm{d}x$ 称为被积表达式，x 称为积分变量，a 称为积分下限，b 称为积分上限，$[a,b]$称为积分区间，和数 S 称为积分和．

根据定积分概念，引例中曲边梯形的面积用定积分可表示为 $A=\int_a^b f(x)\mathrm{d}x$；做变速直线运动的质点所经过的路程可表示为 $s=\int_{T_1}^{T_2}v(t)\mathrm{d}t$.

注：① 定积分的值仅与被积函数 $f(x)$ 及积分区间 $[a,b]$ 有关，而与表示积分变量的字母无关，即

$$\int_a^b f(x)\mathrm{d}x=\int_a^b f(t)\mathrm{d}t=\int_a^b f(u)\mathrm{d}u$$

② 定义中区间的分法和 ξ_i 的取法是任意的．

③ 规定 $\int_a^b f(x)\mathrm{d}x=-\int_b^a f(x)\mathrm{d}x$，$\int_a^a f(x)\mathrm{d}x=0$.

④ 定义中的 $\lambda\to 0$，不能用 $n\to\infty$ 代替．

3. 定积分的几何意义

若 $f(x)\geqslant 0$，由引例知 $\int_a^b f(x)\mathrm{d}x$ 的几何意义是位于 x 轴上方的曲边梯形的面积；若 $f(x)\leqslant 0$，则曲边梯形位于 x 轴下方，从而定积分 $\int_a^b f(x)\mathrm{d}x=-A$ 为曲边梯形的面积的负值．

一般地，若 $f(x)$ 在 $[a,b]$ 上既取得正值又取得负值，函数 $f(x)$ 的图像某些部分在 x 轴上方，而其他部分在 x 轴下方，则 $\int_a^b f(x)\mathrm{d}x$ 的几何意义是介于 x 轴、函数 $y=f(x)$ 的图形及两条直线 $x=a$，$x=b$ 之间的各部分面积的代数和，如图 3－4 所示．

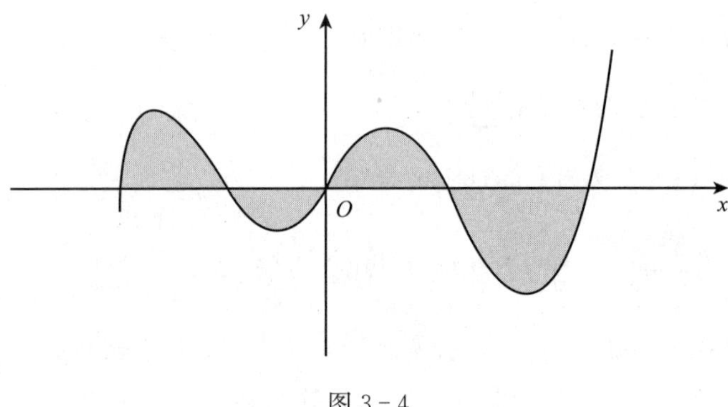

图 3-4

3.4.2 定积分的基本性质

性质 1 函数的和（差）的定积分等于它们的定积分的和（差），即

$$\int_a^b [f(x) \pm g(x)]\mathrm{d}x = \int_a^b f(x)\mathrm{d}x \pm \int_a^b g(x)\mathrm{d}x$$

性质 2 被积函数的常数因子可以提到积分号外面，即

$$\int_a^b kf(x)\mathrm{d}x = k\int_a^b f(x)\mathrm{d}x \quad (k \text{ 为常数})$$

性质 3 如果将积分区间分成两部分，则在整个区间上的定积分等于这两部分区间上定积分之和，即定积分对于积分区间具有可加性，假设 $a<c<b$，则有

$$\int_a^b f(x)\mathrm{d}x = \int_a^c f(x)\mathrm{d}x + \int_c^b f(x)\mathrm{d}x$$

可以验证，无论 a,b,c 的相对位置如何，上式总成立．

性质 4 如果在区间 $[a,b]$ 上 $f(x)\equiv 1$，则

$$\int_a^b 1\mathrm{d}x = \int_a^b \mathrm{d}x = b-a$$

性质 5 如果在区间 $[a,b]$ 上 $f(x)\leqslant g(x)$，则

$$\int_a^b f(x)\mathrm{d}x \leqslant \int_a^b g(x)\mathrm{d}x \quad (a<b)$$

推论 1 $\left|\int_a^b f(x)\mathrm{d}x\right| \leqslant \int_a^b |f(x)|\mathrm{d}x \quad (a<b)$

推论 2 设在区间 $[a,b]$ 上，$m\leqslant f(x)\leqslant M$，则

$$m(b-a) \leqslant \int_a^b f(x)\mathrm{d}x \leqslant M(b-a) \quad (a<b)$$

此性质可用于估计积分值的大致范围.

性质 6（定积分中值定理） 如果函数 $f(x)$ 在闭区间 $[a,b]$ 上连续，则在积分区间 $[a,b]$ 上至少存在一个点 ξ，使

$$\int_a^b f(x)\mathrm{d}x = f(\xi)(b-a) \quad (a \leqslant \xi \leqslant b)$$

这个公式叫做积分中值公式. 实质上，性质 6 对 $a<b$ 及 $b<a$ 都成立.

积分中值公式的几何解释： 当 $f(x) \geqslant 0$ 时，以区间 $[a,b]$ 为底边、以曲线 $y=f(x)$ 为曲边的曲边梯形的面积等于同一底边而高为 $f(\xi)$ 的一个矩形的面积，如图 3-5 所示.

由积分中值公式得 $f(\xi)=\dfrac{1}{b-a}\displaystyle\int_a^b f(x)\mathrm{d}x$，称为函数 $f(x)$ 在区间 $[a,b]$ 上的平均值.

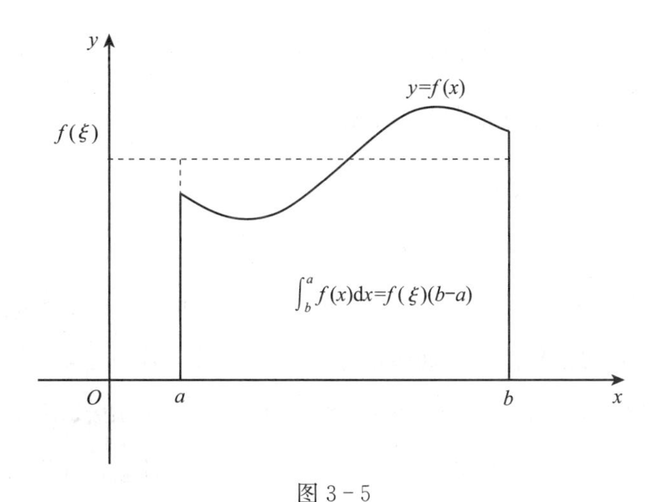

图 3-5

习题 3.4

1. 如何表述定积分的几何意义？根据定积分的几何意义推出下列积分的值.

(1) $\int_{-1}^{1} x\mathrm{d}x$　　(2) $\int_{-R}^{R} \sqrt{R^2-x^2}\,\mathrm{d}x$

2. 求函数 $f(x)=\sqrt{1-x^2}$ 在闭区间 $[-1,1]$ 上的平均值.

3. 比较下列积分的大小.

(1) $\int_0^1 x^2\mathrm{d}x$ 和 $\int_0^1 x^3\mathrm{d}x$　　(2) $\int_1^2 x^3\mathrm{d}x$ 和 $\int_1^2 x^2\mathrm{d}x$

(3) $\int_1^2 \ln x\mathrm{d}x$ 和 $\int_1^2 \ln^2 x\mathrm{d}x$

3.5 定积分的计算

为了求得定积分的值，利用其定义中的“分割、近似求和、取极限”的过程来处理问题时往往相当麻烦，因此要寻求计算定积分的一种简便有效的方法.

由上节中的例 3-22，若质点以速度 $v=v(t)$ 做变速直线运动，则质点从时刻 α 到时刻 β 经过的路程为 $s=\int_\alpha^\beta v(t)\mathrm{d}t$. 如果已知质点的路程函数为 $s=s(t)$，则质点从时刻 α 到时刻 β 走过的路程为 $s=s(\beta)-s(\alpha)$，即 $\int_\alpha^\beta v(t)\mathrm{d}t=s(\beta)-s(\alpha)$；又 $s(t)$ 是 $v(t)$ 的一个原函数，即 $v(t)=s'(t)$. 这表明，在 $[\alpha,\beta]$ 上的定积分恰好等于其原函数 $s(t)$ 在区间 $[\alpha,\beta]$ 上的增量. 一般地，若当 $x\in[a,b]$ 时，有 $F'(x)=f(x)$，则下面等式

$$\int_a^b f(x)\mathrm{d}x=F(b)-F(a)$$

是否也成立？如果成立，计算定积分就方便多了.

3.5.1 积分上限函数

设函数 $f(x)$ 在区间 $[a,b]$ 上连续，x 为 $[a,b]$ 上任一点，考虑定积分 $\int_a^x f(x)\mathrm{d}x$，其中变量 x 有两方面的含义：一方面表示定积分的上限，另一方面表示积分变量. 为明确起见，将积分变量换成 t，于是上面的定积分可写成 $\int_a^x f(t)\mathrm{d}t$. 让 x 在区间 $[a,b]$ 上任意变动，对于 x 的每一个值定积分有唯一确定的值与之对应，这样在该区间上就定义了一个函数，记作 $\Phi(x)$，称 $\Phi(x)=\int_a^x f(t)\mathrm{d}t\,(a\leqslant x\leqslant b)$ 为**积分上限函数**.

【例 3-25】 设 $\varphi(x)=\int_1^x \sin t^2\mathrm{d}t$，求 $\varphi'(x)$.

解 $\varphi'(x)=\sin x^2$

【例 3-26】 设 $\varphi(x)=\int_x^1 \sqrt[3]{\sin t^2}\mathrm{d}t$，求 $\varphi'(x)$，$\varphi'\left(\frac{\pi}{2}\right)$.

解 $\varphi'(x)=-\sqrt[3]{\sin x^2}$，$\varphi'\left(\frac{\pi}{2}\right)=-1$

关于这个函数的导数，有下面的结论.

定理 3-4（连续函数的原函数存在定理） 若函数 $f(x)$ 在区间 $[a,b]$ 上连续，则积分上限函数

$$\Phi(x)=\int_a^x f(t)\mathrm{d}t$$

为被积函数 $f(x)$ 在区间 $[a,b]$ 上的一个原函数，即

$$\Phi'(x)=\frac{\mathrm{d}}{\mathrm{d}x}\int_a^x f(t)\mathrm{d}t=f(x)\quad(a\leqslant x\leqslant b)$$

证明 当 $x\in(a,b)$ 时，给 x 一个增量 Δx，使得 $x+\Delta x\in(a,b)$，则

$$\Delta\Phi=\Phi(x+\Delta x)-\Phi(x)=\int_a^{x+\Delta x}f(t)\mathrm{d}t-\int_a^x f(t)\mathrm{d}t$$
$$=\int_a^{x+\Delta x}f(t)\mathrm{d}t+\int_x^a f(t)\mathrm{d}t=\int_x^{x+\Delta x}f(t)\mathrm{d}t$$

由积分中值定理，存在 x 与 $x+\Delta x$ 之间的点 ξ，使得 $\Delta\Phi=f(\xi)\Delta x$（两端同除以 Δx，得

$$\frac{\Delta\Phi(x)}{\Delta x}=f(\xi)$$

由于 $f(x)$ 在区间 $[a,b]$ 上连续，故当 $\Delta x\to 0$ 时，$\xi\to x$. 因此

$$\Phi'(x)=\lim_{\Delta x\to 0}\frac{\Delta\Phi}{\Delta x}=\lim_{\Delta x\to 0}f(\xi)=\lim_{\xi\to x}f(\xi)=f(x)$$

这就是说，函数 $\Phi(x)$ 的导数存在，且 $\Phi'(x)=f(x)$. 当 $x=a$ 或 b 时，考虑其单侧函数 $\Phi'_+(x)$ 和 $\Phi'_-(x)$ 可得

$$\Phi'_+(x)=f(a),\Phi'_-(x)=f(b)$$

这个定理的重要意义是：一方面肯定了连续函数的原函数是存在的，另一方面初步地揭示了积分学中的定积分与原函数之间的联系．因此，能够通过原函数来计算定积分．

3.5.2 微积分基本公式（牛顿-莱布尼茨公式）

定理 3-5（微积分基本定理） 设函数 $f(x)$ 在 $[a,b]$ 上连续，且 $F(x)$ 是 $f(x)$ 的任一原函数，则

$$\int_a^b f(x)\mathrm{d}x=F(b)-F(a)$$

这个公式称为微积分基本公式或牛顿—莱布尼茨公式，它常常记 $F(b)-F(a)$ 为 $[F(x)]_a^b$ 或 $F(x)\Big|_a^b$.

证明 因为 $f(x)$ 在 $[a,b]$ 上连续，由原函数存在定理可知，$\int_a^x f(t)\mathrm{d}t$ 是 $f(x)$ 的一个原函数．因此 $f(x)$ 的任意一个原函数 $F(x)$ 都可以写成下面的形式

$$F(x)=\int_a^x f(t)\mathrm{d}t+C \quad (C\text{ 为某一常数})$$

上式中令 $x=a$，则

$$F(a)=\int_a^a f(t)\mathrm{d}t+C=0+C$$

即 $C=F(a)$. 于是有

$$F(x)=\int_a^x f(t)\mathrm{d}t+F(a)$$

再令 $x=b$，则上式化为

$$F(b)=\int_a^b f(t)\mathrm{d}t+F(a)$$

于是

$$\int_a^b f(t)\mathrm{d}t=F(b)-F(a)$$

牛顿—莱布尼茨公式为定积分计算提供了一种有效而简便的方法．现在要求定积分 $\int_a^b f(x)\mathrm{d}x$，只需找出连续函数 $f(x)$ 在 $[a,b]$ 上的一个原函数 $F(x)$，然后求出 $F(x)$ 在区间 $[a,b]$ 上的增量即可．

【例 3-27】 求定积分 $\int_0^1 x^2\mathrm{d}x$

解 $\int_0^1 x^2\mathrm{d}x=\left[\frac{x^3}{3}\right]_0^1=\frac{1^3}{3}-\frac{0^3}{3}=\frac{1}{3}$

【例 3-28】 求定积分 $\int_{-1}^{\sqrt{3}}\frac{\mathrm{d}x}{1+x^2}$

解 $\int_{-1}^{\sqrt{3}}\frac{\mathrm{d}x}{1+x^2}=[\arctan x]_{-1}^{\sqrt{3}}=\arctan\sqrt{3}-\arctan(-1)=\frac{\pi}{3}+\frac{\pi}{4}=\frac{7\pi}{12}$

【例 3-29】 求定积分 $\int_0^{\frac{\pi}{2}}\sin(2x+\pi)\mathrm{d}x$

解 $\int_0^{\frac{\pi}{2}}\sin(2x+\pi)\mathrm{d}x=\frac{1}{2}\int_0^{\frac{\pi}{2}}\sin(2x+\pi)\mathrm{d}(2x+\pi)=-\frac{1}{2}\cos(2x+\pi)\Big|_0^{\frac{\pi}{2}}=-1$

3.5.3 定积分的积分法

根据微积分学基本定理所揭示的定积分与不定积分之间的关系，可以由不定积分的积分法则导出相应的定积分的积分法则．本节先来介绍计算定积分的两个基本法则．

1. 定积分的换元积分法

定理 3-6 设函数 $f(x)$ 在区间 $[a,b]$ 上连续，且函数 $x=\varphi(t)$ 满足条件：

(1) $\varphi(\alpha)=a$，$\varphi(\beta)=b$

(2) $\varphi(t)$ 在 $[\alpha,\beta]$ 上具有连续导数，且其值域 $R_\varphi\subset[a,b]$.

则有换元积分公式

$$\int_a^b f(x)\mathrm{d}x=\int_\alpha^\beta f[\varphi(t)]\varphi'(t)\mathrm{d}t$$

证明 设 $F(x)$ 是 $f(x)$ 的原函数，由牛顿—莱布尼茨公式

$$\int_a^b f(x)\mathrm{d}x=F(b)-F(a)$$

即

$$\int_\alpha^\beta f(\varphi(t))\varphi'(t)\mathrm{d}t=F(\varphi(\beta))-F(\varphi(\alpha))$$

因 $\varphi(\alpha)=a$，$\varphi(\beta)=b$，于是后两式的右端相等，这就证明了

$$\int_a^b f(x)\mathrm{d}x=\int_\alpha^\beta f(\varphi(t))\varphi'(t)\mathrm{d}t$$

应用定积分的换元积分法计算定积分时，只要随着积分变量的替换相应地改变定积分的上、下限，这样在求出原函数之后，就可以直接代入积分限计算原函数的改变量之值，而不必换回原来的变量．这就是定积分换元法与不定积分换元法的不同之处．

【例 3-30】 计算 $\int_0^8\frac{\mathrm{d}x}{1+\sqrt[3]{x}}$

解 令 $x=t^3$，则 $\mathrm{d}x=3t^2\mathrm{d}t$，且当 $x=0$ 时，$t=0$；当 $x=8$ 时，$t=2$，所以

$$\int_0^8\frac{\mathrm{d}x}{1+\sqrt[3]{x}}=\int_0^2\frac{3t^2\mathrm{d}t}{1+t}=3\int_0^2(t-1)\mathrm{d}t+3\int_0^2\frac{1}{1+t}\mathrm{d}t$$

$$=3\left(\frac{1}{2}t^2-t\right)\Big|_0^2+3\ln(1+t)\big|_0^2=3\ln 3$$

【例 3 - 31】 求$\int_0^a \sqrt{a^2-x^2}\mathrm{d}x \quad (a>0)$

解 令$x=a\sin t$，则$\mathrm{d}x=a\cos t\mathrm{d}t$. 且当$x=0$时，$t=0$；当$x=a$时，$t=\frac{\pi}{2}$. 所以

$$\int_0^a \sqrt{a^2-x^2}\mathrm{d}x=\int_0^{\frac{\pi}{2}} \sqrt{a^2-a^2\sin^2 t}\cdot a\cos t\mathrm{d}t$$

$$=\int_0^{\frac{\pi}{2}} a\cos t\cdot a\cos t\mathrm{d}t=a^2\int_0^{\frac{\pi}{2}}\cos^2 t\mathrm{d}t$$

$$=a^2\int_0^{\frac{\pi}{2}}\frac{1+\cos 2t}{2}\mathrm{d}t=\frac{a^2}{2}\left(t+\frac{1}{2}\sin 2t\right)\Big|_0^{\frac{\pi}{2}}=\frac{1}{4}\pi a^2$$

这是以a为半径的圆面积的四分之一.

2. 定积分的分部积分法

定理 3 - 7 设函数$u(x)$，$v(x)$及其微商$u'(x)$，$v'(x)$在$[a,b]$上都连续，则

$$\int_a^b u(x)\mathrm{d}v(x)=u(x)v(x)\big|_a^b-\int_a^b v(x)\mathrm{d}u(x)$$

【例 3 - 32】 计算$\int_0^1 x\mathrm{e}^x\mathrm{d}x$

解 $\int_0^1 x\mathrm{e}^x\mathrm{d}x=x\mathrm{e}^x\big|_0^1-\int_0^1\mathrm{e}^x\mathrm{d}x=\mathrm{e}-(\mathrm{e}^x)\big|_0^1=1$

【例 3 - 33】 计算$\int_0^{\frac{\pi}{2}} x^2\sin x\mathrm{d}x$

解 $$\int_0^{\frac{\pi}{2}} x^2\sin x\mathrm{d}x=-\int_0^{\frac{\pi}{2}} x^2\mathrm{d}\cos x=-x^2\cos x\Big|_0^{\frac{\pi}{2}}+\int_0^{\frac{\pi}{2}}2x\cos x\mathrm{d}x$$

$$=2\int_0^{\frac{\pi}{2}} x\mathrm{d}\sin x=2\left(x\sin x\Big|_0^{\frac{\pi}{2}}-\int_0^{\frac{\pi}{2}}\sin x\mathrm{d}x\right)$$

$$=2\left(\frac{\pi}{2}+\cos x\Big|_0^{\frac{\pi}{2}}\right)=\pi-2$$

习题 3.5

1. 设$y=\int_0^x \sin t\mathrm{d}t$，求$\left.\frac{\mathrm{d}y}{\mathrm{d}x}\right|_{x=\frac{\pi}{4}}$.

2. 计算下列各定积分.

(1) $\int_0^1 x^{100}\mathrm{d}x$　　(2) $\int_1^4 \sqrt{x}\mathrm{d}x$

(3) $\int_0^1 e^x dx$　　(4) $\int_0^1 100^x dx$

(5) $\int_0^{\frac{\pi}{2}} \sin x dx$　　(6) $\int_0^{\pi} \cos\left(\frac{x}{4}+\frac{\pi}{4}\right) dx$

(7) $\int_4^9 \frac{\sqrt{x}}{\sqrt{x}-1} dx$　　(8) $\int_{\frac{\sqrt{2}}{2}}^1 \frac{\sqrt{1-x^2}}{x^2} dx$

(9) $\int_0^1 x^2 \arctan x dx$　　(10) $\int_2^{e+1} x^2 \ln(x-1) dx$

3. 设 $f(x)=\begin{cases} x+1, & 0\leqslant x\leqslant 1 \\ 2e^x, & -1\leqslant x<0 \end{cases}$，求 $\int_{-1}^1 f(x)dx$.

3.6　定积分的应用

前面学习了定积分的概念、性质与计算方法，本节将运用定积分的知识来分析和解决一些实际问题.

1. 平面图形的面积

在讲定积分的几何意义时，已触及平面图形面积的问题，这里将作进一步的讨论.

设平面图形是由 $[a,b]$ 上连续的两条曲线 $y=f(x)$，$y=g(x)$ $(f(x)\geqslant g(x))$ 及两条直线 $x=a$，$x=b$ 所围成的（如图 3-6），它的面积为

$$A=\int_a^b f(x)dx-\int_a^b g(x)dx=\int_a^b [f(x)-g(x)]dx$$

也就是说，曲边梯形 $ABCD$ 的面积 S 等于曲边梯形 $EFCD$ 的面积减去曲边梯形 $EFBA$ 的面积.

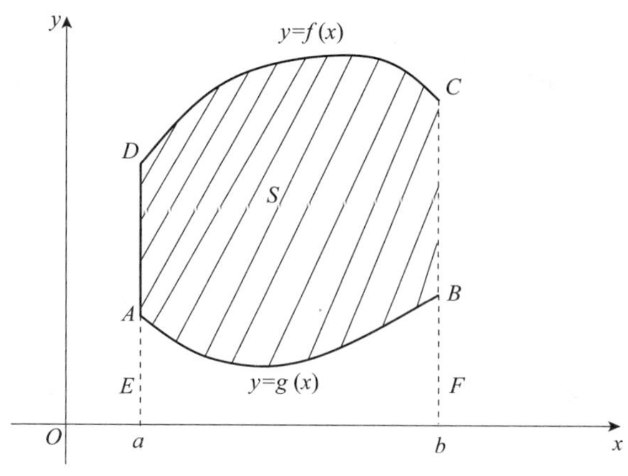

图 3-6

【例 3－34】 求两曲线 $y=\frac{2}{x^2+1}$ 和 $y=x^2$ 所围成的图形的面积．

解 为确定图形的存在区间，由联立方程组解得交点 $A(-1,1)$，$B(1,1)$，

$$\frac{2}{x^2+1}\geqslant x^2,\ x\in(-1,1)$$

则

$$A=\int_{-1}^{1}\left(\frac{2}{x^2+1}-x^2\right)\mathrm{d}x=\left(2\arctan x-\frac{1}{3}x^3\right)\Big|_{-1}^{1}=\pi-\frac{2}{3}$$

【例 3－35】 计算 $y^2=2x$ 和 $y=x-4$ 所围成的图形的面积．

解 首先确定图形所在的范围

$$\begin{cases}y^2=2x\\ y=x-4\end{cases}$$

解得交点为$(2,-2)$和$(8,4)$，如图 3－7 所示．

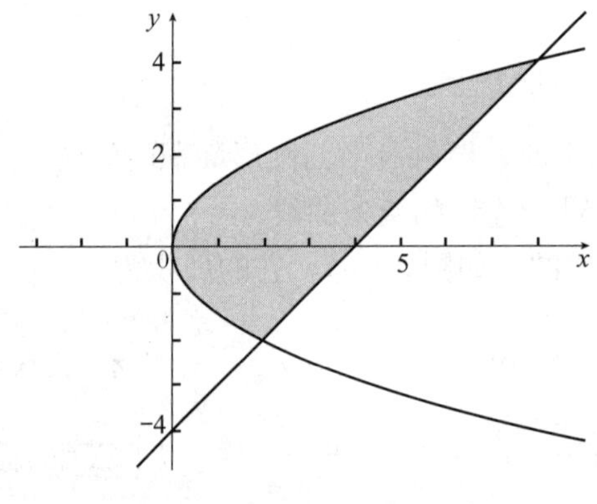

图 3－7

当 y 在 $[-2,4]$ 上取值时，左、右曲线分别为 $x=\frac{1}{2}y^2$，$x=y+4$，于是

$$A=\int_{-2}^{4}\left(y+4-\frac{1}{2}y^2\right)\mathrm{d}y=18$$

由此可见，在面积计算中应根据平面区域的具体特征恰当地选择积分变量，找出相应的面积表达式，可使计算简化．

当直角坐标系下的平面区域的边界曲线是由参数方程给出时，只需对面积计算公式作变量代换即可．例如

$$\begin{cases}x=\varphi(t)\\ y=\psi(t)\end{cases}\quad(\alpha\leqslant t\leqslant\beta)$$

$$A=\int_a^b y\mathrm{d}x=\left|\int_\alpha^\beta \psi(t)\varphi'(t)\mathrm{d}t\right|$$

计算时应注意积分限在换元中应保持与原积分限相对应．

【例 3－36】 求椭圆 $\begin{cases} x=a\cos\theta \\ y=b\sin\theta \end{cases}$ $(0\leqslant\theta\leqslant 2\pi)$ 的面积．

解 由椭圆的对称性，面积 A 等于椭圆在第一象限内的部分面积的 4 倍，如图 3－8所示．于是

$$A=4\int_0^a y\mathrm{d}x=-4\int_\pi^0 ab\sin^2\theta\mathrm{d}\theta=\pi ab$$

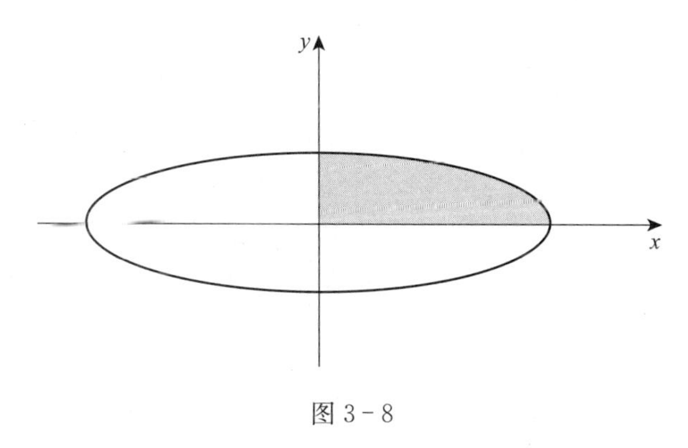

图 3－8

2. 平面曲线的弧长

如图 3－9 所示，设 A、B 是曲线弧上的两个端点，在弧上插入 $n-1$ 个分点

$$A=M_0,M_1,\cdots,M_i,\cdots,M_{n-1},M_n=B$$

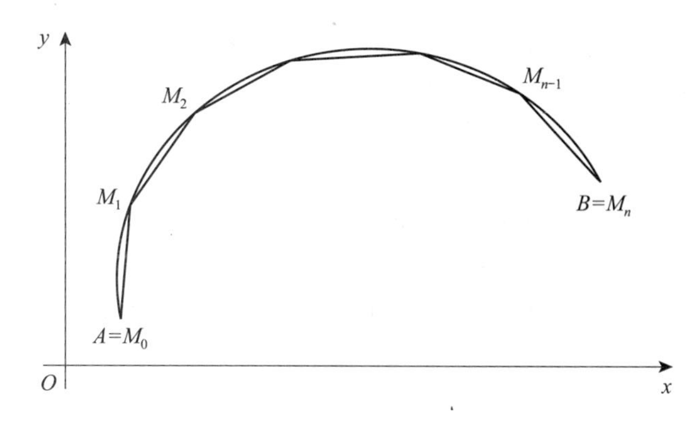

图 3－9

并依次连接相邻分点得一内接折线，当分点的数目无限增加且每个小弧段都缩向一点时，此折线的长 $\sum_{i=1}^{n}|M_{i-1}M_i|$ 的极限存在，则称此极限为曲线弧 AB 的弧长.

设曲线弧为 $y=f(x)$ $(a\leqslant x\leqslant b)$，其中 $f(x)$ 在 $[a,b]$ 上有一阶连续导数，取积分变量为 x，以对应小切线段的长代替小弧段的长为 $\sqrt{(\mathrm{d}x)^2+(\mathrm{d}y)^2}\approx\sqrt{1+y'^2}\,\mathrm{d}x$，如图 3-10所示，则弧长为

$$s=\int_a^b\sqrt{1+y'^2}\,\mathrm{d}x$$

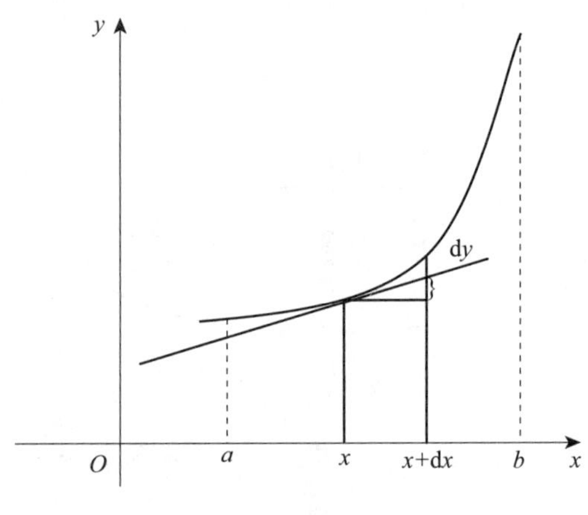

图 3-10

【例 3-37】 计算曲线 $y=\frac{2}{3}x^{\frac{3}{2}}$ 在 $[a,b]$ 上的弧长.

解 因为 $y'=x^{\frac{1}{2}}$，则所求弧长为

$$s=\int_a^b\sqrt{1+x}\,\mathrm{d}x=\frac{2}{3}\left[(1+b)^{\frac{3}{2}}-(1+a)^{\frac{3}{2}}\right]$$

3. 旋转体的体积

旋转体就是由一个平面图形绕这个平面内一条直线旋转一周而成的立体. 这条直线叫做**旋转轴**.

如图 3-11 所示，设旋转体是由连续曲线 $y=f(x)$，直线 $x=a$，$x=b$ 及 x 轴所围成的曲边梯形绕 x 轴旋转一周而成的立体，则体积为多少?

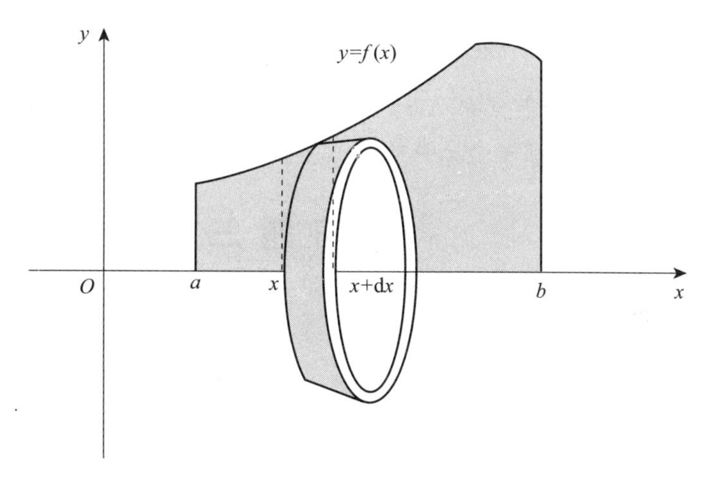

图 3-11

取积分变量为 x，$x\in[a,b]$. 在 $[a,b]$ 上任取小区间 $[x,x+\mathrm{d}x]$，取以 $\mathrm{d}x$ 为底的窄边梯形绕 x 轴旋转而成的薄片的体积为体积元素，旋转体的体积为

$$V=\int_a^b \pi[f(x)]^2\mathrm{d}x$$

【例 3-38】 求椭圆 $\dfrac{x^2}{a^2}+\dfrac{y^2}{b^2}=1$ 所围成的平面图形绕 x 轴旋转一周所成的旋转体（旋转椭球体）的体积.

解 这个旋转体可以看成是由半个椭圆 $y=\dfrac{b}{a}\sqrt{a^2-x^2}$ 及 x 轴所围成的平面图形绕 x 轴旋转而成的，于是

$$V=\pi\int_{-a}^{a}\frac{b^2}{a^2}(a^2-x^2)\mathrm{d}x=\frac{4}{3}\pi ab^2$$

特别地，当 $a=b$ 时，旋转体成为球体

$$V=\frac{4}{3}\pi a^3$$

习题 3.6

1. 求由两条抛物线 $y=x^2$ 与 $x=y^2$ 所围成的图形的面积.

2. 已知曲线 $y=x^2-2x+3$ 与直线 $y=x+3$ 相交于 $P(0,3)$，$Q(3,6)$ 两点. 求此曲线与直线围成图形的面积.

3. 计算曲线 $y=\frac{2}{3}x^{\frac{3}{2}}$ 在 $[0,3]$ 上的一段弧长．

4. 连接坐标原点 O 及点 $P(h,r)$ 的直线、直线 $x=h$ 及 x 轴围成一个直角三角形，将它绕 x 轴旋转一周构成一个底半径为 r、高为 h 的圆锥体，计算这个圆锥体的体积．

总习题三

一、填空题

1. $\int\frac{\mathrm{d}}{\mathrm{d}x}(\sin x)\mathrm{d}x=$________．

2. $\int f(x)\mathrm{d}x=2\cos\frac{x}{2}+C$，则 $f(x)=$________．

3. $1-\frac{1}{x}$ 的全部原函数为________．

4. 设 $\int f(x)\mathrm{d}x=F(x)+C$，且 $x=at+b$，则 $\int f(t)\mathrm{d}t=$ ________．

5. $\int_0^{\frac{\pi}{2}}\mathrm{e}^{\sin x}\cos x\mathrm{d}x=$________．

6. 设在 $[a,b]$ 上曲线 $y=f(x)$ 位于曲线 $y=g(x)$ 的上方，则由这两条曲线及直线 $x=a$，$x=b$ 围成的平面图形的面积为________．

7. 由曲线 $y=\sqrt[3]{x}$ 与直线 $x=8$ 及 x 轴所围成的图形绕 x 轴旋转而成的旋转体的体积用定积分可表示为________．

8. 已知销售某商品 q 个单位时，纯收入的变化率为 $R'(q)=100-\frac{q}{25}$（元/单位），则销售 500 个单位时的纯收入是________．

9. $\int_0^a x^2\mathrm{d}x=9$，则 $a=$________．

10. 设函数 $f(x)$ 在区间 $[a,b]$ 上连续，则曲线 $y=f(x)$，直线 $x=a$，$x=b$，$y=0$ 所围成的平面图形的面积为________．

二、选择题

1. 若 $\sin x$ 是 $f(x)$ 的一个原函数，则 $f'(x)=$（　　）．

A. $-\sin x$　　B. $-\cos x$　　C. $\sin x$　　D. $\cos x$

2. 若 $f(x)=k\tan 2x$ 的一个原函数为 $\frac{2}{3}\ln|\cos 2x|$，则 $k=$（　　）．

A. $-\frac{4}{3}$　　B. $\frac{4}{3}$　　C. $-\frac{2}{3}$　　D. $\frac{2}{3}$

3. 设 $f(x)$ 为可导函数，以下各式正确的是（　　）．

A. $\int f(x)\mathrm{d}x = f(x)$ B. $\int f'(x)\mathrm{d}x = f(x)$

C. $\left[\int f(x)\mathrm{d}x\right]' = f(x)$ D. $\left[\int f(x)\mathrm{d}x\right]' = f(x) + C$

4. $\int \sin 3x\mathrm{d}x =$ ( ).

A. $-3\cos 3x + C$ B. $3\cos 3x + C$

C. $-\frac{1}{3}\cos 3x + C$ D. $\frac{1}{3}\cos 3x + C$

5. 设 $f(x)$ 在区间 $[a,b]$ 上连续，则 $\int_a^b f(x)\mathrm{d}x + \int_b^a f(t)\mathrm{d}t =$ ( ).

A. 小于零 B. 等于零 C. 大于零 D. 不能确定

6. $\int_0^2 |1-x|\mathrm{d}x =$ ( ).

A. $\int_0^1 (1-x)\mathrm{d}x + \int_1^2 (x-1)\mathrm{d}x$ B. $\int_0^1 (1-x)\mathrm{d}x + \int_1^2 (1-x)\mathrm{d}x$

C. $\int_0^1 (x-1)\mathrm{d}x + \int_1^2 (x-1)\mathrm{d}x$ D. $\int_0^1 (x-1)\mathrm{d}x + \int_1^2 (1-x)\mathrm{d}x$

7. 经过点(1,0)，且切线斜率为 $3x^2$ 的曲线方程是 ( ).

A. $y=x^3$ B. $y=x^3+1$ C. $y=x^3-1$ D. $y=x^3+C$

8. 下列定积分等于零的是 ( ).

A. $\int_{-1}^1 x^2\cos x\mathrm{d}x$ B. $\int_{-1}^1 x\sin x\mathrm{d}x$

C. $\int_{-1}^1 (x+\sin x)\mathrm{d}x$ D. $\int_{-1}^1 (\mathrm{e}^x + x)\mathrm{d}x$

9. 设 $f(x)$ 为 $[-a,a]$ 上的连续函数，则定积分 $\int_{-a}^a f(-x)\mathrm{d}x =$ ( ).

A. 0 B. $2\int_0^a f(x)\mathrm{d}x$

C. $-\int_{-a}^a f(x)\mathrm{d}x$ D. $\int_{-a}^a f(x)\mathrm{d}x$

10. 设 $\int_0^2 xf(x)\mathrm{d}x = k\int_0^1 xf(2x)\mathrm{d}x$，则 $k=$ ( ).

A. 1 B. 2 C. 3 D. 4

三、计算题

1. $\int \frac{1+x-x^2}{x}\mathrm{d}x$ 2. $\int \frac{x^2}{x^2+1}\mathrm{d}x$

3. $\int \mathrm{e}^{-x}\mathrm{d}x$ 4. $\int x\sqrt{7-2x^2}\mathrm{d}x$

5. $\int \frac{\sqrt{\arctan x}}{1+x^2}\mathrm{d}x$

6. $\int_1^{\mathrm{e}} \frac{\ln x}{x}\mathrm{d}x$

7. $\int_1^2 x^{-3}\mathrm{d}x$

8. $\int_1^2 (2x-1)\mathrm{d}x$

9. $\int_1^2 \frac{\mathrm{e}^{-\frac{1}{x}}}{x^2}\mathrm{d}x$

10. $\int_0^{\frac{\pi}{2}} x\cos 2x\mathrm{d}x$

四、应用题

1. 求由抛物线 $y=x^2$ 与直线 $y=-x+2$ 所围成的平面图形的面积.

2. 某商品的边际成本为 $C'(q)=125\mathrm{e}^{0.5q}$，且固定成本为 150，求总成本函数.

3. 求由曲线 $y=x^3$ 和直线 $x=2$，$y=0$ 所围成的图形绕 x 轴旋转所形成的旋转体的体积.

4. 已知某类产品总产量 Q 在时刻 t 的变化率为 $Q'(t)=250+32t-0.6t^2$(kg/h)，求从 $t=2$ 到 $t=4$ 这两个小时的总产量.

阅读材料一：微积分发展史（二）

微积分学是微分学和积分学的总称。

客观世界的一切事物，小至粒子，大至宇宙，始终都在运动和变化着，因此自从数学中引入变量的概念后，就有可能把运动现象用数学来加以描述了。

由于函数概念的产生和运用的加深，也由于科学技术发展的需要，一门新的数学分支继解析几何之后产生了，这就是微积分学。微积分学这门学科在数学发展中的地位是十分重要的，可以说它是继欧氏几何后全部数学中的最大的一个创造。

微积分成为一门学科是在 17 世纪，但是微分和积分的思想在古代就已经产生了。

公元前 3 世纪，古希腊的阿基米得在研究解决抛物弓形的面积、球和球冠面积、螺线下面积和旋转双曲体的体积等问题中，就隐含着近代积分学的思想。对于微分学基础的极限理论来说，早在古代就有了比较清楚的论述。例如，我国的庄周所著的《庄子》一书的"天下篇"中，记有"一尺之棰，日取其半，万世不竭"。三国时期的刘徽在他的割圆术中提到"割之弥细，所失弥小，割之又割，以至于不可割，则与圆周和体而无所失矣。"这些都是朴素的、也是很典型的极限思想。

到了 17 世纪，有许多科学问题需要解决，这些问题也就成为促使微积分产生的因素。归结起来，大约有 4 种主要类型的问题：第一类问题是研究运动的时候直接出现的，也就是求即时速度的问题；第二类问题是求曲线的切线问题；第三类问题是求函数的最大值和最小值问题；第四类问题是求曲线长、曲线围成的面积、曲面围成的体积、物体的重心、一个体积相当大的物体作用于另一物体上的引力等。

17 世纪许多著名的数学家、天文学家、物理学家都为解决上述问题做了大量的研究工作，如法国的费马、笛卡儿、罗伯瓦、笛沙格；英国的巴罗、瓦里士；德国的开普勒；意大利的卡瓦列利等人都提出过许多很有建树的理论，为微积分的创立做出了贡献。

17 世纪下半叶，在前人工作的基础上，英国大科学家牛顿和德国数学家莱布尼茨分别在自己的国度里独自研究和完成了微积分的创立工作，虽然这只是十分初步的工作。他们的最大功绩是把两个貌似毫不相关的问题联系在一起，一个是切线问题（微分学的中心问题），一个是求积问题（积分学的中心问题）。

牛顿和莱布尼茨建立微积分的出发点是直观的无穷小量，因此这门学科早期也称为无穷小分析，这正是现在分析数学这一大分支名称的来源。牛顿研究微积分着重于从运动学来考虑，莱布尼茨却是侧重于从几何学来考虑。

牛顿在 1671 年写了《流数法和无穷级数》，这本书直到 1736 年才出版。牛顿在这本书里指出，变量是由点、线、面的连续运动产生的，否定了以前自己认为的变量是无穷小元素的静止集合。他把连续变量叫做流动量，把这些流动量的导数叫做流数。牛顿在流数术中所提出的中心问题是：已知连续运动的路径，求给定时刻的速度（微分法）；已知运动的速度求给定时间内经过的路程（积分法）。

德国的莱布尼茨是一个博学多才的学者，1684 年他发表了现在世界上认为是最早的微积分文献，这篇文章有一个很长而且很古怪的名字《一种求极大极小和切线的新方法，它也适用于分式和无理量，以及这种新方法的奇妙类型的计算》。就是这样一篇说理也颇含糊的文章，却有划时代的意义。1686 年，莱布尼茨发表了第一篇积分学的文献。莱布尼茨是历史上最伟大的符号学者之一，他所创设的微积分符号远远优于牛顿的符号，这对微积分的发展有极大的影响。现在我们使用的微积分通用符号就是当时莱布尼茨精心选用的。

微积分学的创立极大地推动了数学的发展，过去很多初等数学束手无策的问题，运用微积分往往迎刃而解，显示出了微积分学的非凡威力。

前面已经提到，一门科学的创立绝不是某一个人的业绩，它必定是经过多少人的努力后，在积累了大量成果的基础上，最后由某个人或几个人总结完成的。微积分也是如此。

不幸的是，由于人们在欣赏微积分的宏伟功效之余，在提出谁是这门学科的创立者的时候，竟然引起了一场轩然大波，造成了欧洲大陆的数学家和英国数学家的长期对立。英国数学在一个时期里闭关锁国，囿于民族偏见，过于拘泥在牛顿的“流数术”中停步不前，因而数学发展整整落后了 100 年。

其实，牛顿和莱布尼茨分别是自己独立研究，在大体上相近的时间里先后完成的。比较特殊的是牛顿创立微积分要比莱布尼茨早 10 年左右，但是公开发表微积分这一理论，莱布尼茨却要比牛顿早3年。他们的研究各有长处，也都各有短处。那时候，由于民族偏见，关于发明优先权的争论竟从1699年开始延续了100多年。

应该指出的是，这是和历史上任何一项重大理论的完成都要经历一段时间一样，牛顿和莱布尼茨的工作也都是很不完善的。他们在无穷和无穷小量这个问题上，其说辞不一，十分含糊。牛顿的无穷小量，有时候是零，有时候不是零而是有限的小量；莱布尼茨的也不能自圆其说。这些基础方面的缺陷，最终导致了第二次数学危机的产生。

直到19世纪初，法国科学院的科学家以柯西为首，对微积分的理论进行了认真研究，建立了极限理论，后来又经过德国数学家维尔斯特拉斯进一步的严格化，使得极限理论成为微积分的坚实基础。

阅读材料二：人物传记

符号大师——莱布尼茨

莱布尼茨（1646—1716年）是17、18世纪之交德国最重要的数学家、物理学家和哲学家，一个举世罕见的科学天才。他博览群书，涉猎百科，对丰富人类的科学知识宝库做出了不可磨灭的贡献。

莱布尼茨出生于德国东部莱比锡的一个书香之家，广泛接触古希腊罗马文化，阅读了许多著名学者的著作，由此而获得了坚实的文化功底和明确的学术目标。15岁时，他进入莱比锡大学学习法律，还广泛阅读了培根、开普勒、伽利略等人的著作，并对他们的著述进行了深入的思考和评价。在听了教授讲授欧几里得《几何原本》的课程后，莱布尼茨对数学产生了浓厚的兴趣。17岁时他在耶拿大学学习了短时期的数学，并获得了哲学硕士学位。

20岁时他发表了第一篇数学论文《论组合的艺术》。这是一篇关于数理逻辑的文章，其基本思想是出于想把理论的真理性论证归结于一种计算的结果。这篇论文虽不够成熟，但却闪耀着创新的智慧和数学才华。

莱布尼茨在阿尔特道夫大学获得博士学位后便投身于外交界。在出访巴黎时，莱布尼茨深受帕斯卡事迹的鼓舞，决心钻研高等数学，并研究了笛卡儿、费尔马、帕斯卡等人的著作。他的兴趣已明显地偏向了数学和自然科学，开始了对无穷小算法的研究，独立地创立了微积分的基本概念与算法，和牛顿并蒂双辉共同奠定了微积分学。1700年，莱布尼茨被选为巴黎科学院院士，促成建立了柏林科学院并任首任院长。

17 世纪下半叶，欧洲科学技术迅猛发展，由于生产力的提高和社会各方面的迫切需要，经各国科学家的努力与历史的积累，建立在函数与极限概念基础上的微积分理论应运而生。1665 年牛顿创始了微积分，莱布尼茨在 1673—1676 年间也发表了微积分思想的论著。以前，微分和积分作为两种数学运算、两类数学问题，是分别加以研究的。卡瓦列利、巴罗、沃利斯等人得到了一系列求面积（积分）、求切线斜率（导数）的重要结果，但这些结果都是孤立的、不连贯的。只有莱布尼茨和牛顿将积分和微分真正沟通起来，明确地找到了两者内在的直接联系：微分和积分是互逆的两种运算，而这是微积分建立的关键所在。只有确立了这一基本关系，才能在此基础上构建系统的微积分学，并从对各种函数的微分和求积公式中总结出共同的算法程序，使微积分方法普遍化，发展成用符号表示的微积分运算法则。

莱布尼茨从几何问题出发，运用分析学方法引进微积分概念，得出运算法则，其数学的严密性与系统性是牛顿所不及的。莱布尼茨认识到好的数学符号能节省思维劳动，运用符号的技巧是数学成功的关键之一。因此，他发明了一套适用的符号系统，如引入 $\mathrm{d}x$ 表示 x 的微分、$\int$ 表示积分、$\mathrm{d}x^n$ 表示 n 阶微分等。这些符号进一步促进了微积分学的发展。

1713 年，莱布尼茨发表了《微积分的历史和起源》一文，总结了自己创立微积分学的思路，说明了自己成就的独立性。

莱布尼茨在数学方面的成就是巨大的，他的研究及成果渗透到高等数学的许多领域。他的一系列重要数学理论的提出，为后来的数学理论奠定了基础。莱布尼茨曾讨论过负数和复数的性质，得出复数的对数并不存在、共轭复数的和是实数的结论。在后来的研究中，莱布尼茨证明了自己结论是正确的。他还对线性方程组进行研究，对消元法从理论上进行了探讨，并首先引入了行列式的概念，提出行列式的某些理论。此外，莱布尼茨还创立了符号逻辑学的基本概念，发明了能够进行加、减、乘、除及开方运算的计算机和二进制，为计算机的现代发展奠定了坚实的基础。

盲人数学家——欧拉

18 世纪数学界的中心人物、占统治地位的理论物理学家，能与牛顿和高斯为伍的人是盲人数学家欧拉（1707—1783 年）。欧拉诞生在瑞士名城巴塞尔，从小着迷数学。他 13 岁就进了巴塞尔大学，功课门门优秀。17 岁时，他成为这所大学有史以来最年轻的硕士，18 岁开始发表论文，19 岁时写的论船桅的论文获得巴黎科学院奖金。1727 年，欧拉应聘到俄国圣彼得堡科学院工作，1733 年升为副教授和数学部负责人。由于工作繁忙，生活条件不良，他 28 岁时右眼失明。1741—1766 年，欧拉应柏林科学院的邀请，为普鲁士王国工作了 25 年。1766 年，俄国女皇叶卡捷琳娜二世亲自出面恳请欧拉重返彼得堡。欧拉的工作条件虽然大为改善，但工作强度超出了他的体力，劳累过度使他的左眼也失明了。接着又遭火灾，大部分藏书和手稿化为灰烬。但欧拉并没有屈服，他说："如果命运是块顽石，我就化作大锤，将它砸得粉碎!"大火过后，欧拉又与衰老和黑暗拼博了 17 年，他通过与助手们的讨论及口授等方式，完成了大量科学论文和著作，直至生命的最后一刻。欧拉研究的主要领域是微积分、微分方程、解析几何、微分几何、数论、级数及变分法等。他将数学用到了整个物理领域，创立了分析力学及刚体力学，他计算了行星轨道中天体的摄动影响及阻尼介质中的弹道；他研究了梁的弯曲、声的传播、音乐中的和谐问题；他的三卷光学仪器方面的著作对望远镜和显微镜的设计做出了贡献。他是第一个解析地处理光的震动的人，并在考虑了光对以太的弹性和密度的依赖后，推演了运动方程。

欧拉是科学史上最多产的一位数学家，据统计他的一生，共写下了 886 本书籍和论文，其中分析、代数、数论占 40%，几何占 18%，物理和力学占 28%，天文学占 11%，弹道学、航海学、建筑学等占 3%。彼得堡科学院为了整理他的著作，足足忙碌了 47 年。

代数是搞清楚世界上数量关系的智力工具．

——怀特海

音乐与代数很类似．

——哈登伯格

线性代数这门课程是最有价值的大学数学课程．

——David C. Lay

代数学是慷慨大方的，它给予人的往往比人们对它的要求还要多．

——达朗贝尔

代数几何熔一炉，乾坤万物坐标书；图形百态方程绘，变换有规矩阵筹．

——李尚志

第 4 章　线性代数初步

在线性代数里，矩阵是研究的主要对象，是数量关系的一种表现形式．矩阵将一个有序数表作为一个整体研究，使问题变得简洁明了．矩阵有着广泛的应用，是研究线性方程组和线性变换的有力工具，也是研究离散问题的基本手段．

1850 年 J. J. Sylvester（西尔威斯特）首先提出矩阵概念．1858 年 A. Cayley（卡莱）提出矩阵的运算规则，从此矩阵被广泛地应用到各个领域，尤其是在经济领域内，矩阵已经成为研究和工作中处理线性模型的有力工具，如投入产出模型、线性规划和决策论等．

4.1　矩　　阵

4.1.1　矩阵的概念

【例 4－1】　设某班 4 名学生的考试成绩如表 4－1 所示．

表 4－1

	语文	数学	英语	物理	化学
甲	90	86	95	86	82
乙	78	80	70	83	78
丙	92	90	96	77	75
丁	66	74	75	60	70

可以将这个表称为甲、乙、丙、丁 4 个学生的成绩矩阵．

【例 4－2】　某公司有三个连锁商店，在第一季度的销售额（单位：万元）如表 4－2 所示．

表 4－2

销售额 / 连锁店 / 月份	A	B	C
1	12	10	9
2	20	15	11
3	18	14	8

可以把上表称为销售矩阵．

【例 4－3】 设某建材公司所属的两个砖厂 A_1，A_2，其产品供应三个建筑工地 B_1，B_2，B_3，则公司所制定的一种调运方案和各砖厂到各工地的单位运价可分别用下面的两个表格（表 4－3 和表 4－4）表示．

表 4－3 调运表

单位：万块

	B_1	B_2	B_3
A_1	2	23	15
A_2	15	0	10

表 4－4 运价表

单位：元/万块

	B_1	B_2	B_3
A_1	150	160	130
A_2	120	140	170

可以称上述两个表分别为调运矩阵和运价矩阵．

由以上例子，可以给出矩阵的如下定义．

定义 4－1 由 $m\times n$ 个数 $a_{ij}(i=1,2,\cdots,m;j=1,2,\cdots,n)$ 排成的一张 m 行（横的）n 列（纵的）的数表，两边用圆括号或方括号括起来，即

$$\begin{bmatrix} a_{11} & a_{12} & \cdots & a_{1n} \\ a_{21} & a_{22} & \cdots & a_{2n} \\ \vdots & \vdots & & \vdots \\ a_{m1} & a_{m2} & \cdots & a_{mn} \end{bmatrix} \qquad D(1)$$

称为 m 行 n 列**矩阵**，简称 $m\times n$ 矩阵，其中 a_{ij} 称为矩阵中第 i 行第 j 列的元素．

显然，例 4－1 中的成绩矩阵是 4×5 矩阵，例 4－2 中的销售矩阵是 3×3 矩阵，而例 4－3 中的两个矩阵均为 2×3 矩阵．

一般情况下，用大写黑体拉丁字母 $\mathbf{A}$，$\mathbf{B}$，…或者 $(a_{ij}),(b_{ij}),\cdots$ 来表示矩阵．

有时候，为了指明所讨论的矩阵的阶数，也把 $m\times n$ 矩阵写成 $\mathbf{A}_{m\times n},\mathbf{B}_{m\times n},\cdots$，或者 $(a_{ij})_{m\times n}$，$(b_{ij})_{m\times n}$，…，即

$$\mathbf{A}=\mathbf{A}_{m\times n}=(a_{ij})_{m\times n}=\begin{bmatrix} a_{11} & a_{12} & \cdots & a_{1n} \\ a_{21} & a_{22} & \cdots & a_{2n} \\ \vdots & \vdots & & \vdots \\ a_{m1} & a_{m2} & \cdots & a_{mn} \end{bmatrix} \text{或} \mathbf{A}=(a_{ij}).$$

下面先来认识几种特殊的矩阵．

当矩阵 $\mathbf{A}$ 中所有元素均为 0 时，则称 $\mathbf{A}$ 为零矩阵，用 $\mathbf{0}$ 表示，有时也记作 $\mathbf{0}=(0)_{m\times n}$．注意，**零矩阵不一定都相同**，可以通过上下文来加以区别．

当 $n=1$ 时，即只有一列的矩阵

$$A=\begin{bmatrix}a_{11}\\a_{21}\\\vdots\\a_{m1}\end{bmatrix},$$

称为**列矩阵**.

当 $m=1$ 时，即只有一行的矩阵 $A=[a_{11}\quad a_{12}\quad\cdots\quad a_{1n}]$ 称为**行矩阵**.

当 $m=n$ 时，即矩阵 A 的行数与列数相等，称

$$A=\begin{bmatrix}a_{11}&a_{12}&\cdots&a_{1n}\\a_{21}&a_{22}&\cdots&a_{2n}\\\vdots&\vdots&&\vdots\\a_{n1}&a_{n2}&\cdots&a_{nn}\end{bmatrix}$$

为 n 阶矩阵或 n 阶**方阵**，其元素 $a_{11},a_{22},\cdots,a_{nn}$ 称为主对角线上的元素．例如，

$$C=\begin{bmatrix}3&6\\5&9\end{bmatrix}$$

是一个 2 阶方阵，3 和 9 是其主对角线上的元素．又如例 4-2 是一个 3 阶方阵，12，15 和 8 是其主对角线上的元素．

注：n 阶矩阵中从左上角到右下角的直线叫做**主对角线**.

主对角线以外的元素都是 0 的方阵，称为**对角矩阵**（或**对角阵**），其形状为

$$A=\begin{bmatrix}a_{11}&0&\cdots&0\\0&a_{22}&\cdots&0\\\vdots&\vdots&&\vdots\\0&0&\cdots&a_{nn}\end{bmatrix}$$

主对角线上所有元素都是 1 的对角阵，称为 n 阶**单位矩阵**（或**单位阵**），用 I 表示，即

$$I=\begin{bmatrix}1&0&\cdots&0\\0&1&\cdots&0\\\vdots&\vdots&&\vdots\\0&0&\cdots&1\end{bmatrix}$$

单位矩阵在矩阵乘法中的作用就像数字乘法中的 1.

如果在 n 阶方阵 A 中，$a_{ij}=a_{ji}(i,j=1,2,\cdots,n)$，即它的元素以主对角线为对称轴对应相等，则称 A 为对称矩阵.

特别规定：一阶方阵（1×1 矩阵）就是一个数，即 $A=(a)=a$.

设 $\boldsymbol{A}=(a_{ij})_{m\times n}$，$\boldsymbol{B}=(b_{ij})_{k\times l}$，若 $m=k$，$n=l$，且 $a_{ij}=b_{ij}$ $(i=1,2,\cdots,m;j=1,2,\cdots,n)$（即 $\boldsymbol{A}$ 与 $\boldsymbol{B}$ 的对应元素均相等），则称矩阵 $\boldsymbol{A}$ 与矩阵 $\boldsymbol{B}$ **相等**，记作 $\boldsymbol{A}=\boldsymbol{B}$（即只有完全一样的矩阵才叫做相等）．

注：两个矩阵相等，是指两个矩阵完全一样，即阶数相同而且对应的元素完全相等，否则不相等．

例如

$$\begin{bmatrix}0&0\\0&0\end{bmatrix}与\begin{bmatrix}0&0&0\\0&0&0\end{bmatrix}$$

都是零矩阵，但左边的零矩阵是一个 2 阶方阵，右边的零矩阵是一个 2×3 矩阵，所以它们是不同的零矩阵．

4.1.2　矩阵的代数运算和转置

一个矩阵可以反映一个实际问题．若要描述几个实际问题的相互关系，就应探讨矩阵之间的相互关系，即研究矩阵的运算．

矩阵的意义不仅在于将一些数据排成阵列形式，而且在于对它定义了一些有理论意义和实际意义的运算，从而使它成为进行理论研究和解决实际问题的有力工具．本节主要介绍矩阵的加法、减法、乘法、矩阵与数的乘法及矩阵的转置等运算．

1. 矩阵的代数运算

设 $\boldsymbol{A}$ 为 $m\times n$ 矩阵，$\boldsymbol{B}$ 为 $k\times l$ 矩阵，即

$$\boldsymbol{A}=\begin{bmatrix}a_{11}&a_{12}&\cdots&a_{1n}\\a_{21}&a_{22}&\cdots&a_{2n}\\\vdots&\vdots&&\vdots\\a_{m1}&a_{m2}&\cdots&a_{mn}\end{bmatrix},\boldsymbol{B}=\begin{bmatrix}b_{11}&b_{12}&\cdots&b_{1l}\\b_{21}&b_{22}&\cdots&b_{2l}\\\vdots&\vdots&&\vdots\\b_{k1}&b_{k2}&\cdots&b_{kl}\end{bmatrix}.$$

（1）加法与减法

当 $m=k$，$n=l$ 时，矩阵 $\boldsymbol{A}$ 与矩阵 $\boldsymbol{B}$ 的和用 $\boldsymbol{A}+\boldsymbol{B}$ 表示，即

$$\boldsymbol{A}+\boldsymbol{B}=\begin{bmatrix}a_{11}+b_{11}&a_{12}+b_{12}&\cdots&a_{1n}+b_{1n}\\a_{21}+b_{21}&a_{22}+b_{22}&\cdots&a_{2n}+b_{2n}\\\vdots&\vdots&&\vdots\\a_{m1}+b_{m1}&a_{m2}+b_{m2}&\cdots&a_{mn}+b_{mn})\end{bmatrix},$$

简记作 $(a_{ij}+b_{ij})_{m\times n}$.

【例 4-4】 设

$$\boldsymbol{A}=\begin{bmatrix}1 & 2 & 3\\4 & 5 & 6\end{bmatrix},\ \boldsymbol{B}=\begin{bmatrix}a & b & c\\d & e & f\end{bmatrix}$$

有

$$\boldsymbol{A}+\boldsymbol{B}=\begin{bmatrix}1+a & 2+b & 3+c\\4+d & 5+e & 6+f\end{bmatrix}$$

由上述定义可知，矩阵的加法就是矩阵对应的元素相加，所以只有行数和列数分别相同的两个矩阵才能进行加法运算，否则两个矩阵不能相加．由于矩阵的加法归结为它们的元素的加法，也就是数的加法，所以不难验证，矩阵加法满足如下运算规律（设 $\boldsymbol{A}$，$\boldsymbol{B}$，$\boldsymbol{C}$ 为任意三个 $m\times n$ 矩阵）：

① $\boldsymbol{A}+\boldsymbol{B}=\boldsymbol{B}+\boldsymbol{A}$（交换律）；

② $(\boldsymbol{A}+\boldsymbol{B})+\boldsymbol{C}=\boldsymbol{A}+(\boldsymbol{B}+\boldsymbol{C})$（结合律）；

③ $\boldsymbol{A}+\boldsymbol{0}=\boldsymbol{A}$（其中 $\boldsymbol{0}$ 是 $m\times n$ 零矩阵）．

这说明零矩阵在矩阵加法中的作用与数字 0 在数字加法中的作用类似．

在矩阵 $\boldsymbol{A}=(a_{ij})_{m\times n}$ 的所有元素的前面都加上负号所得到的矩阵

$$\begin{bmatrix}-a_{11} & -a_{12} & \cdots & -a_{1n}\\-a_{21} & -a_{22} & \cdots & -a_{2n}\\\vdots & \vdots & & \vdots\\-a_{m1} & -a_{m2} & \cdots & -a_{mn}\end{bmatrix}$$

称为矩阵 $\boldsymbol{A}$ 的**负矩阵**，记为 $-\boldsymbol{A}=(-a_{ij})_{m\times n}$. 显然有

$$\boldsymbol{A}+(-\boldsymbol{A})=\boldsymbol{0}$$

从而利用负矩阵可定义矩阵的减法，即

④ $\boldsymbol{A}-\boldsymbol{B}=\boldsymbol{A}+(-\boldsymbol{B})$.

即矩阵的减法可以看做是矩阵加法的逆运算．

【例 4-5】 设某厂生产甲、乙、丙、丁四种产品，上个月的销售收入及生产成本（单位：万元）可分别用矩阵 $\boldsymbol{A}$ 和矩阵 $\boldsymbol{B}$ 表示

$$\boldsymbol{A}=\begin{bmatrix}35 & 24 & 30 & 18\end{bmatrix},\boldsymbol{B}=\begin{bmatrix}30 & 19 & 24 & 13\end{bmatrix}$$

那么该厂上个月生产这四种产品的利润（单位：万元）应是矩阵 $\boldsymbol{A}$ 与矩阵 $\boldsymbol{B}$ 的差，即

$$\begin{aligned}\boldsymbol{A}-\boldsymbol{B}&=\begin{bmatrix}35 & 24 & 30 & 18\end{bmatrix}-\begin{bmatrix}30 & 19 & 24 & 13\end{bmatrix}\\&=\begin{bmatrix}35-30 & 24-19 & 30-24 & 18-13\end{bmatrix}\end{aligned}$$

$$=[5\quad 5\quad 6\quad 5]$$

（2）数与矩阵相乘

设 k 是任一实数，数 k 与矩阵 $\boldsymbol{A}$ 的每一个元素相乘所得到的矩阵，称为数 k 与矩阵 $\boldsymbol{A}$ 的数量乘积，用 $k\boldsymbol{A}$ 表示，即

$$k\boldsymbol{A}=\begin{bmatrix} ka_{11} & ka_{12} & \cdots & ka_{1n} \\ ka_{21} & ka_{22} & \cdots & ka_{2n} \\ \vdots & \vdots & & \vdots \\ ka_{m1} & ka_{m2} & \cdots & ka_{mn} \end{bmatrix}=(ka_{ij})_{m\times n}=k(a_{ij})_{m\times n}=\boldsymbol{A}k$$

注：在矩阵数乘中，由于 $ka_{ij}=a_{ij}k$，所以常数 k 既可以放在矩阵 $\boldsymbol{A}$ 的左边，也可以放在矩阵 $\boldsymbol{A}$ 的右边．

【例 4-6】 设某两个地区与另外四个地区之间的里程（单位：公里）可用矩阵表示为

$$\boldsymbol{A}=\begin{bmatrix} 25 & 30 & 35 & 45 \\ 20 & 40 & 28 & 36 \end{bmatrix}$$

如果货物每吨每公里的运价为 3 元，则上述地区之间每吨货物的运费（单位：元/吨）应是数 3 与矩阵 $\boldsymbol{A}$ 的乘积，即

$$\begin{aligned} 3\boldsymbol{A}&=\begin{bmatrix} 25 & 30 & 35 & 45 \\ 20 & 40 & 28 & 36 \end{bmatrix} \\ &=\begin{bmatrix} 3\times 25 & 3\times 30 & 3\times 35 & 3\times 45 \\ 3\times 20 & 3\times 40 & 3\times 28 & 3\times 36 \end{bmatrix} \\ &=\begin{bmatrix} 75 & 90 & 105 & 135 \\ 60 & 120 & 84 & 108 \end{bmatrix} \end{aligned}$$

矩阵的数量乘积满足下列运算规律．

⑤ $(k+l)\boldsymbol{A}=k\boldsymbol{A}+l\boldsymbol{A}$ （矩阵对数的分配律）

⑥ $k(\boldsymbol{A}+\boldsymbol{B})=k\boldsymbol{A}+k\boldsymbol{B}$ （数对矩阵的分配律）

⑦ $k(l\boldsymbol{A})=(kl)\boldsymbol{A}$ （数乘对数的结合律）

⑧ $1\cdot\boldsymbol{A}=\boldsymbol{A}$ （左边是数 1）

⑨ $0\cdot\boldsymbol{A}=\boldsymbol{0}$ （左边是数 0）

注：矩阵加法、减法与矩阵的数乘运算统称为矩阵的线性运算．

（3）矩阵的乘法

在给出矩阵乘法定义之前，先看一个例题．

【例 4-7】　（总收入与总利润）设某地区有甲、乙两个工厂，每个工厂都生产Ⅰ、Ⅱ、Ⅲ3 种产品．已知每个工厂的年产量（单位：个）如表 4-5 所示．

表 4-5

工厂＼产品	Ⅰ	Ⅱ	Ⅲ
甲	20	30	10
乙	15	10	70

已知每种产品的单价（元/个）和单位利润（元/个）如表 4-6 所示．

表 4-6

产品＼项目	单价	单位利润
Ⅰ	100	20
Ⅱ	150	45
Ⅲ	300	120

求各工厂的总收入与总利润．

解　容易算出各工厂的总收入（元）与总利润（元），如表 4-7 所示．

表 4-7

工厂＼项目	总收入	单位利润
甲	9 500	2 950
乙	24 000	9 150

本例中的三个表格可用三个矩阵表示，设

$$\boldsymbol{A}=\begin{bmatrix}20 & 30 & 10\\15 & 10 & 70\end{bmatrix},\boldsymbol{B}=\begin{bmatrix}100 & 20\\150 & 45\\300 & 120\end{bmatrix},\boldsymbol{C}=\begin{bmatrix}9500 & 2950\\24000 & 9150\end{bmatrix}$$

显而易见

矩阵 $\boldsymbol{A}$ 的列数＝矩阵 $\boldsymbol{B}$ 的行数，
矩阵 $\boldsymbol{C}$ 的行数＝矩阵 $\boldsymbol{A}$ 的行数，
矩阵 $\boldsymbol{C}$ 的列数＝矩阵 $\boldsymbol{B}$ 的列数．

如果记

$$\boldsymbol{A}=(a_{ij})_{2\times3},\boldsymbol{B}=(b_{ij})_{3\times2},\boldsymbol{C}=(c_{ij})_{2\times2},$$

则

$$c_{ij}=a_{i1}b_{1j}+a_{i2}b_{2j}+a_{i3}b_{3j},i=1,2,j=1,2.$$

把矩阵 $\boldsymbol{C}$ 称为矩阵 $\boldsymbol{A}$ 与矩阵 $\boldsymbol{B}$ 的乘积，记为

$$\boldsymbol{C}=\boldsymbol{AB}$$

一般地，有如下概念.

定义 4-2 设矩阵 $\boldsymbol{A}=(a_{ij})_{m\times n}$，$\boldsymbol{B}=(b_{ij})_{k\times l}$，当 $n=k$ 时，即矩阵 $\boldsymbol{A}$ 的列数与矩阵 $\boldsymbol{B}$ 的行数相同，则由元素

$$c_{ij}=a_{i1}b_{1j}+a_{i2}b_{2j}+\cdots+a_{in}b_{nj}=\sum_{k=1}^{n}a_{ik}b_{kj}\quad(i=1,2,\cdots,m;j=1,2,\cdots,l)$$

构成的 m 行 l 列矩阵

$$C=(c_{ij})_{m\times l}=\left(\sum_{k=1}^{n}a_{ik}b_{kj}\right)_{m\times l}$$

称为矩阵 $\boldsymbol{A}$ 与矩阵 $\boldsymbol{B}$ 的乘积，记为 $\boldsymbol{C}=\boldsymbol{AB}$.

由矩阵乘法的定义可以看出，若矩阵 $\boldsymbol{A}$ 的列数等于矩阵 $\boldsymbol{B}$ 的行数，则矩阵 $\boldsymbol{A}$ 与矩阵 $\boldsymbol{B}$ 的乘积 $\boldsymbol{C}$ 中第 i 行第 j 列的元素，等于第一个矩阵 $\boldsymbol{A}$ 的第 i 行与第二个矩阵 $\boldsymbol{B}$ 的第 j 列的对应元素的乘积的和，并且矩阵 $\boldsymbol{C}$ 的行数等于矩阵 $\boldsymbol{A}$ 的行数，矩阵 $\boldsymbol{C}$ 的列数等于矩阵 $\boldsymbol{B}$ 的列数.

【例 4-8】 设

$$\boldsymbol{A}=\begin{bmatrix}2&3&1\\1&5&7\end{bmatrix}_{2\times3},\boldsymbol{B}=\begin{bmatrix}2&0\\3&1\\1&0\end{bmatrix}_{3\times2}$$

则

$$\begin{aligned}\boldsymbol{AB}&=\begin{bmatrix}2&3&1\\1&5&7\end{bmatrix}_{2\times3}\times\begin{bmatrix}2&0\\3&1\\1&0\end{bmatrix}_{3\times2}\\&=\begin{bmatrix}2\times2+3\times3+1\times1&2\times0+3\times1+1\times0\\1\times2+5\times3+7\times1&1\times0+5\times1+7\times0\end{bmatrix}\\&=\begin{bmatrix}14&3\\24&5\end{bmatrix}\end{aligned}$$

而

$$BA=\begin{bmatrix}2&0\\3&1\\1&0\end{bmatrix}_{3\times 2}\times\begin{bmatrix}2&3&1\\1&5&7\end{bmatrix}_{2\times 3}$$

$$=\begin{bmatrix}2\times 2+0\times 1&2\times 3+0\times 5&2\times 1+0\times 7\\3\times 2+1\times 1&3\times 3+1\times 5&3\times 1+1\times 7\\1\times 2+0\times 1&1\times 3+0\times 5&1\times 1+0\times 7\end{bmatrix}$$

$$=\begin{bmatrix}4&6&2\\7&14&10\\2&3&1\end{bmatrix}$$

【例 4－9】　设

$$A=\begin{bmatrix}1&1\\-1&-1\end{bmatrix},B=\begin{bmatrix}1&-1\\-1&1\end{bmatrix}$$

则

$$AB=\begin{bmatrix}1&1\\-1&-1\end{bmatrix}\begin{bmatrix}1&-1\\-1&1\end{bmatrix}=\begin{bmatrix}0&0\\0&0\end{bmatrix}$$

而

$$BA=\begin{bmatrix}1&-1\\-1&1\end{bmatrix}\begin{bmatrix}1&1\\-1&-1\end{bmatrix}=\begin{bmatrix}2&2\\-2&-2\end{bmatrix}$$

从上述两个例子可以看出：

- 矩阵的乘法一般不满足交换律，即 $AB\neq BA$ ，因此通常称 AB 为 A 左乘 B 或 B 右乘 A ；
- 一般情况下，不能从 $AB=0$ 推出矩阵 $A=0$ 或 $B=0$；
- 两个非零矩阵相乘可能是零矩阵，这是矩阵乘法的一个特点．由此还可得出矩阵消去律不成立，即当 $AB=AC$ 时，不一定有 $B=C$.

矩阵乘法虽然与数的乘法有一定差异，但也有相同或类似的一些运算规律（假设下列各式等号两边的运算都可进行）．

⑩ $(AB)C=A(BC)$　　　　（乘法结合律）

⑪ $A(B+C)=AB+AC$　　　　（左乘分配律）

$(A+B)C=AC+BC$　　　　（右乘分配律）

⑫ $k(AB)=(kA)B=A(kB)$　　　　（数乘结合律）

⑬ $A_{m\times n}I_n=A_{m\times n}$

$$I_m A_{m\times n} = A_{m\times n}$$

单位矩阵在矩阵乘法中的作用类似于数 1.

2. 矩阵的转置

把一个 $m\times n$ 矩阵 A 的行与列互换，得到的 $n\times m$ 矩阵称为矩阵 A 的转置矩阵，记为 $\boldsymbol{A}'$ 或 $\boldsymbol{A}^{\mathrm{T}}$. 即若

$$\boldsymbol{A} = (a_{ij})_{m\times n} = \begin{bmatrix} a_{11} & a_{12} & \cdots & a_{1n} \\ a_{21} & a_{22} & \cdots & a_{2n} \\ \vdots & \vdots & & \vdots \\ a_{m1} & a_{m2} & \cdots & a_{mn} \end{bmatrix}$$

则 A 的转置矩阵为

$$\boldsymbol{A}' = \boldsymbol{A}^{\mathrm{T}} = (a'_{ij})_{n\times m} = \begin{bmatrix} a_{11} & a_{21} & \cdots & a_{m1} \\ a_{12} & a_{22} & \cdots & a_{m2} \\ \vdots & \vdots & & \vdots \\ a_{1n} & a_{2n} & \cdots & a_{mn} \end{bmatrix}$$

因为 $\boldsymbol{A}'$ 是由矩阵 $\boldsymbol{A}$ 经过行列互换得到的矩阵，而 $\boldsymbol{A}$ 有 m 行 n 列，所以 $\boldsymbol{A}'$ 就是 n 行 m 列的矩阵. 用 a'_{ij} 代表 $\boldsymbol{A}'$ 中 i 行 j 列位置上的元素，显然有

$$a'_{ij} = a_{ji}$$

即 $\boldsymbol{A}'$ 中 i 行 j 列位置上的元素就是 $\boldsymbol{A}$ 中 j 行 i 列位置上的元素.

例如矩阵

$$\boldsymbol{A} = \begin{bmatrix} 1 & 2 & 1 \\ 0 & -1 & 2 \end{bmatrix}$$

则

$$\boldsymbol{A}' = \begin{bmatrix} 1 & 0 \\ 2 & -1 \\ 1 & 2 \end{bmatrix}$$

可以验证转置矩阵满足下列性质：

⑭ $(\boldsymbol{A}')' = \boldsymbol{A}$;

⑮ $(\boldsymbol{A} \pm \boldsymbol{B})' = \boldsymbol{A}' \pm \boldsymbol{B}'$;

⑯ $(\boldsymbol{AB})' = \boldsymbol{B}'\boldsymbol{A}'$;

⑰ $(k\boldsymbol{A})' = k\boldsymbol{A}'$ (k 是常数)；

⑱ 两次转置就还原，这是显然的．

【例 4－10】 设

$$A=(1\quad -1\quad 2),B=\begin{bmatrix}2&-1&0\\1&1&3\\4&2&1\end{bmatrix}$$

求 $(AB)'$，$B'A'$.

解

$$AB=(1\quad -1\quad 2)\times\begin{bmatrix}2&-1&0\\1&1&3\\4&2&1\end{bmatrix}=(9\quad 2\quad -1)$$

$$A'=\begin{bmatrix}1\\-1\\2\end{bmatrix},B'=\begin{bmatrix}2&1&4\\-1&1&2\\0&3&1\end{bmatrix}$$

于是

$$B'A'=\begin{bmatrix}2&1&4\\-1&1&2\\0&3&1\end{bmatrix}\times\begin{bmatrix}1\\-1\\2\end{bmatrix}=\begin{bmatrix}9\\2\\-1\end{bmatrix}=(9\quad 2\quad -1)'=(AB)'$$

4.1.3　矩阵的简单应用

【例 4－11】　线性方程组的矩阵表示．设 n 元线性方程组

$$\begin{cases}a_{11}x_1+a_{12}x_2+\cdots+a_{1n}x_n=b_1\\a_{21}x_1+a_{22}x_2+\cdots+a_{2n}x_n=b_2\\\qquad\vdots\\a_{m1}x_1+a_{m2}x_2+\cdots+a_{mn}x_n=b_m\end{cases}$$

（1）若令

$$A=\begin{bmatrix}a_{11}&a_{12}&\cdots&a_{1n}\\a_{21}&a_{22}&\cdots&a_{2n}\\\vdots&\vdots&&\vdots\\a_{m1}&a_{m2}&\cdots&a_{mn}\end{bmatrix},X=\begin{bmatrix}x_1\\x_2\\\vdots\\x_n\end{bmatrix},B=\begin{bmatrix}b_1\\b_2\\\vdots\\b_m\end{bmatrix}$$

则上述方程组可表示为

$$AX = B$$

（2）若令 $A = (A_1, A_2, \cdots, A_n)$，其中

$$A_j = \begin{bmatrix} a_{1j} \\ a_{2j} \\ \vdots \\ a_{mj} \end{bmatrix}, j = 1,2,\cdots,n$$

则上述方程组又可表示为

$$A_1x_1 + A_2x_2 + \cdots + A_nx_n = B$$

将线性方程组表示为矩阵方程得到的形式，不仅使方程组更加简洁，而且有助于研究方程组变量间的关系及解的情况．

【例 4－12】 某石油公司所属的两个炼油厂 A_1，A_2 在 2001 年和 2002 年生产的三种油品 B_1，B_2，B_3 的数量如表 4－8 所示．

表 4－8

单位：万吨

炼油厂 \ 油品 \ 年份	2001			2002		
	B_1	B_2	B_3	B_1	B_2	B_3
A_1	60	28	15	65	30	13
A_2	75	32	20	80	34	23

若令

$$A=\begin{bmatrix} 60 & 28 & 15 \\ 75 & 32 & 20 \end{bmatrix},\ B=\begin{bmatrix} 65 & 30 & 13 \\ 80 & 34 & 23 \end{bmatrix}$$

则

① $A+B$ 表示各炼油厂的各种油品的两年产量之和；而 $B-A$ 表示 2002 年比 2001 年各种油品增加或减少的产量；

② $\frac{1}{2}(A+B)$ 表示各炼油厂的各种油品两年的年平均产量；

③ 设 $C' = (1,1,1,1)$，则 AC 与 $(A+B)C$ 分别表示各炼油厂 2001 年及两年的各种油品产量之和．

这个例子虽然简单，但已经可以看出：利用矩阵作为工具，进行数据处理和经济分析是非常方便的．

习题 4.1

1. 设

$$\boldsymbol{A}=\begin{bmatrix}3&0&1\\2&-1&4\\0&1&0\end{bmatrix},\boldsymbol{B}=\begin{bmatrix}-7&1&0\\5&4&1\\3&0&4\end{bmatrix},\boldsymbol{C}=\begin{bmatrix}1&1&1\\1&1&-1\\1&-1&1\end{bmatrix}$$

求：(1) $\boldsymbol{A}+2\boldsymbol{B}$；(2) $\boldsymbol{A}+\boldsymbol{B}-\boldsymbol{C}$.

2. 设

$$\boldsymbol{A}=\begin{bmatrix}3&-1&2\\0&4&1\end{bmatrix},\boldsymbol{B}=\begin{bmatrix}3&0&2\\-3&-4&0\end{bmatrix}$$

且 $\boldsymbol{A}+2\boldsymbol{X}=\boldsymbol{B}$，求 $\boldsymbol{X}$.

3. 设

$$\boldsymbol{A}=\begin{bmatrix}1&1&1\\1&1&-1\\1&-1&1\end{bmatrix},\boldsymbol{B}=\begin{bmatrix}1&2&3\\-1&-2&4\\0&5&1\end{bmatrix}$$

求 $3\boldsymbol{AB}-2\boldsymbol{A}$ 及 $\boldsymbol{A}'\boldsymbol{B}$.

4. 计算下列矩阵.

(1) $\begin{bmatrix}4&3&1\\1&-2&3\\5&7&0\end{bmatrix}\begin{bmatrix}7\\2\\1\end{bmatrix}$　　(2) $(1,\ 2,\ 3)\begin{bmatrix}3\\2\\1\end{bmatrix}$

(3) $\begin{bmatrix}2\\1\\3\end{bmatrix}(-1,\ 2)$　　(4) $\begin{bmatrix}2&1&4&0\\1&-1&3&4\end{bmatrix}\begin{bmatrix}1&3&1\\0&-1&2\\1&-3&1\\4&0&-2\end{bmatrix}$

(5) $(x_1,x_2,x_3)\begin{bmatrix}a_{11}&a_{12}&a_{13}\\a_{21}&a_{22}&a_{23}\\a_{31}&a_{32}&a_{33}\end{bmatrix}\begin{bmatrix}x_1\\x_2\\x_3\end{bmatrix}$　　(6) $\begin{bmatrix}1&2&1&0\\0&1&0&1\\0&0&2&1\\0&0&0&3\end{bmatrix}\begin{bmatrix}1&0&3&1\\0&1&2&-1\\0&0&-2&3\\0&0&0&-3\end{bmatrix}$

5. 已知

$$\boldsymbol{A}=\begin{bmatrix}2&0&-1\\1&3&2\end{bmatrix},\boldsymbol{B}=\begin{bmatrix}1&7&-1\\4&2&3\\2&0&1\end{bmatrix}$$

求 $(\boldsymbol{AB})'$.

6. 设 $\boldsymbol{A}=\begin{bmatrix}1&2&3\\3&1&2\end{bmatrix}$，$\boldsymbol{B}=\begin{bmatrix}1&x&3\\y&1&z\end{bmatrix}$，已知 $\boldsymbol{A}=\boldsymbol{B}$，求 x,y,z.

4.2 行 列 式

行列式的概念来源于解线性方程组．同时，与矩阵一样，行列式也是研究线性代数的一个重要工具．本节将着重介绍行列式的一些最基本的知识，先介绍二阶行列式和三阶行列式，并把它推广到 n 阶行列式，然后给出行列式的性质和计算方法，最后给出它的一个简单应用——克莱姆法则．

4.2.1 二阶、三阶行列式的定义

在初等数学中曾讨论过二元一次方程组和三元一次方程组的求解问题．

设二元一次方程组

$$\begin{cases}a_{11}x_1+a_{12}x_2=b_1, & ①\\ a_{21}x_1+a_{22}x_2=b_2, & ②\end{cases}$$

其中 x_1，x_2 为未知量，a_{11}，a_{12}，a_{21}，a_{22} 分别为两个方程中未知量的系数，b_1,b_2 为常数项，为讨论方便，将两个方程分别记为①，②.

如果①中 x_1 的系数 $a_{11}\neq0$，则①$\times\left(-\dfrac{a_{21}}{a_{11}}\right)+$②，可将②化为

$$\left(a_{22}-\frac{a_{21}}{a_{11}}a_{12}\right)x_2=b_2-\frac{a_{21}}{a_{11}}b_1$$

即

$$(a_{11}a_{22}-a_{12}a_{21})x_2=b_2a_{11}-b_1a_{21} \qquad ②'$$

类似地，如果②中 x_2 的系数 $a_{22}\neq0$，则原方程组②$\times\left(-\dfrac{a_{12}}{a_{22}}\right)+$①，又可将①化为

$$\left(a_{11}-\frac{a_{12}}{a_{22}}a_{21}\right)x_1=b_1-\frac{a_{12}}{a_{22}}b_2$$

即

$$(a_{11}a_{22}-a_{12}a_{21})x_1=b_1a_{22}-b_2a_{12} \qquad ①'$$

当①′与②′中 $a_{11}a_{22}-a_{12}a_{21}\neq0$ 时，可以得到方程组的唯一解，即

$$x_1=\frac{b_1a_{22}-a_{12}b_2}{a_{11}a_{22}-a_{12}a_{21}},\quad x_2=\frac{a_{11}b_2-a_{21}b_1}{a_{11}a_{22}-a_{12}a_{21}}$$

为便于记忆上述解的公式，引入记号

$$\begin{vmatrix} a_{11} & a_{12} \\ a_{21} & a_{22} \end{vmatrix}$$

表示代数和 $a_{11}a_{22}-a_{12}a_{21}$，即

$$\begin{vmatrix} a_{11} & a_{12} \\ a_{21} & a_{22} \end{vmatrix}=a_{11}a_{22}-a_{12}a_{21}$$

称这个记号为二阶行列式．类似地，也可将解中的另外两个代数和用二阶行列式表示，即

$$D_1=\begin{vmatrix} b_1 & a_{12} \\ b_2 & a_{22} \end{vmatrix}=b_1a_{22}-a_{12}b_2$$

$$D_2=\begin{vmatrix} a_{11} & b_1 \\ a_{21} & b_2 \end{vmatrix}=a_{11}b_2-a_{21}b_1$$

从而当

$$D=\begin{vmatrix} a_{11} & a_{12} \\ a_{21} & a_{22} \end{vmatrix}\neq 0$$

时，该方程组的唯一解，即可以表示为

$$x_1=\frac{D_1}{D},\quad x_2=\frac{D_2}{D}$$

下面利用这种形式解如下具体的方程组．

$$\begin{cases} x_1-3x_2=-5 \\ 4x_1+3x_2=-5 \end{cases}$$

由于

$$D=\begin{vmatrix} 1 & -3 \\ 4 & 3 \end{vmatrix}=3-(-3)\times 4=15\neq 0$$

$$D_1=\begin{vmatrix} -5 & -3 \\ -5 & 3 \end{vmatrix}=-5\times 3-(-5)\times(-3)=-30$$

$$D_2=\begin{vmatrix} 1 & -5 \\ 4 & -5 \end{vmatrix}=-5-(-5)\times 4=15$$

从而

$$x_1 = \frac{D_1}{D}, x_2 = \frac{D_2}{D} = 1$$

这样，就可以给出了一般的二阶行列式的定义了.

称由 4 个数 $a_{11}, a_{12}, a_{21}, a_{22}$ 排成的一个方阵，两边加上两条直线，为一个二阶行列式. 它表示一个数 $a_{11}a_{22} - a_{12}a_{21}$，称为行列式的值，记为

$$\begin{vmatrix} a_{11} & a_{12} \\ a_{21} & a_{22} \end{vmatrix} = a_{11}a_{22} - a_{12}a_{21}$$

其中，横排称为**行**，纵排称为**列**，数 $a_{ij}(i, j = 1, 2)$ 称为行列式的**元素**.

必须注意的是，二阶行列式与二阶方阵的概念不同，前者表示由 4 个数构成的一个代数和，而后者表示由两行两列 4 个数构成的一个数表. 从符号上也可以看出它们的区别，二阶方阵记为

$$\begin{bmatrix} a_{11} & a_{12} \\ a_{21} & a_{22} \end{bmatrix}$$

同样，三阶行列式可以定义为

$$\begin{vmatrix} a_{11} & a_{12} & a_{13} \\ a_{21} & a_{22} & a_{23} \\ a_{31} & a_{32} & a_{33} \end{vmatrix} = a_{11}a_{22}a_{33} + a_{12}a_{23}a_{31} + a_{13}a_{21}a_{32} - a_{13}a_{22}a_{31} - a_{12}a_{21}a_{33} - a_{11}a_{23}a_{32}.$$

为了给出更高阶行列式的定义，把三阶行列式改写为

$$\begin{aligned} \begin{vmatrix} a_{11} & a_{12} & a_{13} \\ a_{21} & a_{22} & a_{23} \\ a_{31} & a_{32} & a_{33} \end{vmatrix} &= a_{11}(a_{22}a_{33} - a_{23}a_{32}) - a_{12}(a_{21}a_{33} - a_{23}a_{31}) + a_{13}(a_{21}a_{32} - a_{22}a_{31}) \\ &= a_{11}\begin{vmatrix} a_{22} & a_{23} \\ a_{32} & a_{33} \end{vmatrix} - a_{12}\begin{vmatrix} a_{21} & a_{23} \\ a_{31} & a_{33} \end{vmatrix} + a_{13}\begin{vmatrix} a_{21} & a_{22} \\ a_{31} & a_{32} \end{vmatrix} \end{aligned}$$

其中

$$\begin{vmatrix} a_{22} & a_{23} \\ a_{32} & a_{33} \end{vmatrix}$$

是原三阶行列式中划去元素 a_{11} 所在的第一行、第一列后剩下的元素按原来的次序组成的二阶行列式，称它为元素 a_{11} 的余子式，记作 M_{11}，即

$$M_{11}=\begin{vmatrix} a_{22} & a_{23} \\ a_{32} & a_{33} \end{vmatrix}$$

类似地

$$M_{12}=\begin{vmatrix} a_{21} & a_{23} \\ a_{31} & a_{33} \end{vmatrix}, M_{13}=\begin{vmatrix} a_{21} & a_{22} \\ a_{31} & a_{32} \end{vmatrix}$$

令

$$A_{ij}=(-1)^{i+j}M_{ij}(i,j=1,2,3)$$

称 A_{ij} 为元素 a_{ij} 的**代数余子式**．从而

$$A_{11}=(-1)^{1+1}M_{11}=M_{11}$$
$$A_{12}=(-1)^{1+2}M_{12}=-M_{12}$$
$$A_{13}=(-1)^{1+3}M_{13}=M_{13}$$

于是，三阶行列式也可以定义为

$$\begin{aligned}\begin{vmatrix} a_{11} & a_{12} & a_{13} \\ a_{21} & a_{22} & a_{23} \\ a_{31} & a_{32} & a_{33} \end{vmatrix} &= a_{11}M_{11}-a_{12}M_{12}+a_{13}M_{13} \\ &= a_{11}A_{11}+a_{12}A_{12}+a_{13}A_{13} \\ &= \sum_{j=1}^{3}a_{1j}A_{1j}\end{aligned}$$

上式说明，一个三阶行列式等于它的第一行元素与其代数余子式的乘积之和．这称之为三阶行列式按第一行的展开式．对于一阶行列式 $|a|$，其值就定义为 a. 这样上述定义不仅对二、三阶行列式都适用，而且对于一般的正整数 n，可以利用数学归纳法给出 n 阶行列式的定义

$$D=\sum_{j=1}^{n}a_{1j}A_{1j}$$

【例 4－13】　计算三阶行列式

$$\begin{vmatrix} -1 & 3 & 2 \\ 3 & 0 & -2 \\ -2 & 1 & 3 \end{vmatrix}$$

解

$$\begin{vmatrix} -1 & 3 & 2 \\ 3 & 0 & -2 \\ -2 & 1 & 3 \end{vmatrix} = (-1)(-1)^{1+1}\begin{vmatrix} 0 & -2 \\ 1 & 3 \end{vmatrix} + 3(-1)^{1+2}\begin{vmatrix} 3 & -2 \\ -2 & 3 \end{vmatrix} + 2(-1)^{1+3}\begin{vmatrix} 3 & 0 \\ -2 & 1 \end{vmatrix}$$

$$= (-1)\times 2 - 3\times 5 + 2\times 3 = -11$$

【例 4 - 14】 计算四阶行列式

$$D = \begin{vmatrix} 3 & 0 & 0 & -5 \\ -4 & 1 & 0 & 2 \\ 6 & 5 & 7 & 0 \\ -3 & 4 & -2 & -1 \end{vmatrix}$$

解 根据定义有

$$D = \begin{vmatrix} 3 & 0 & 0 & -5 \\ -4 & 1 & 0 & 2 \\ 6 & 5 & 7 & 0 \\ -3 & 4 & -2 & -1 \end{vmatrix} = 3(-1)^{1+1}\begin{vmatrix} 1 & 0 & 2 \\ 5 & 7 & 0 \\ 4 & -2 & -1 \end{vmatrix} + (-5)(-1)^{1+4}\begin{vmatrix} -4 & 1 & 0 \\ 6 & 5 & 7 \\ -3 & 4 & -2 \end{vmatrix}$$

$$= 3\left[1\cdot(-1)^{1+1}\begin{vmatrix} 7 & 0 \\ -2 & -1 \end{vmatrix} + 2\cdot(-1)^{1+3}\begin{vmatrix} 5 & 7 \\ 4 & -2 \end{vmatrix}\right]$$

$$+5\left[(-4)\cdot(-1)^{1+1}\begin{vmatrix} 5 & 7 \\ 4 & -2 \end{vmatrix} + 1\cdot(-1)^{1+2}\begin{vmatrix} 6 & 7 \\ -3 & -2 \end{vmatrix}\right]$$

$$= 3(-7-76) + 5(152-7) = 466$$

4.2.2 行列式的几个简单性质

行列式的计算是一个很重要的问题，也是一个很麻烦的问题．当行列式的阶数大于3时，按定义来计算行列式是比较复杂的．为了简化行列式的计算，下面不加证明地给出行列式的几个性质，并利用二阶或三阶行列式予以说明和验证．

性质 1 行列互换，行列式的值不变．

例如

$$\begin{vmatrix} 3 & -2 \\ 2 & 1 \end{vmatrix} = 3-(-4) = 7$$

而

$$\begin{vmatrix} 3 & 2 \\ -2 & 1 \end{vmatrix} = 3-(-4) = 7$$

即

$$\begin{vmatrix} 3 & -2 \\ 2 & 1 \end{vmatrix} = \begin{vmatrix} 3 & 2 \\ -2 & 1 \end{vmatrix}$$

性质 1 表明，在行列式中行与列所处的地位是相同的．因此，凡是对行成立的性质，对列也同样成立，反之亦然．下面所讨论的行列式的性质大多是对行来说的，对于列也有同样的性质，所以就不再重复了．

性质 2 互换行列式的任意两行，行列式的值变号．

例如

$$\begin{vmatrix} 3 & -2 \\ 2 & 1 \end{vmatrix} = 3-(-4) = 7$$

而

$$\begin{vmatrix} 2 & 1 \\ 3 & -2 \end{vmatrix} = (-4)-3 = -7$$

推论 1 若行列式中有两行的对应元素相等，则行列式等于零．

例如

$$\begin{vmatrix} 3 & -2 & 3 \\ 2 & 1 & 2 \\ 2 & 1 & 2 \end{vmatrix} = 3\times\begin{vmatrix} 1 & 2 \\ 1 & 2 \end{vmatrix} - (-2)\times\begin{vmatrix} 2 & 2 \\ 2 & 2 \end{vmatrix} + 3\times\begin{vmatrix} 2 & 1 \\ 2 & 1 \end{vmatrix} = 0$$

事实上，将相同的两行对调，由性质 2 知 $D=-D$，故 $D=0$.

性质 3 用数 k 乘以行列式某一行中的所有元素，等于用数 k 乘以这个行列式．

例如用 5 乘以行列式

$$\begin{vmatrix} 3 & -2 \\ 2 & 1 \end{vmatrix}$$

的第二行，得

$$\begin{vmatrix} 3 & -2 \\ 2\times 5 & 1\times 5 \end{vmatrix} = \begin{vmatrix} 3 & -2 \\ 10 & 5 \end{vmatrix} = 15-(-20) = 35$$

而

$$5\times\begin{vmatrix} 3 & -2 \\ 2 & 1 \end{vmatrix} = 5\times[3-(-4)] = 35$$

即

$$\begin{vmatrix} 3 & -2 \\ 2\times 5 & 1\times 5 \end{vmatrix} = 5\times\begin{vmatrix} 3 & -2 \\ 2 & 1 \end{vmatrix}$$

性质 3 表明，当行列式中某一行有公因子 k 时，可以将 k 提到行列式符号的外面．

推论 2　若行列式中有一行的元素全为零，则行列式等于零．

推论 3　若行列式中有两行的对应元素成比例，则行列式等于零．

性质 4　将行列式某一行的所有元素同乘以数 k 后加到另一行的对应元素上，所得行列式与原行列式相等．

例如

$$D=\begin{vmatrix} 3 & -2 \\ 2 & 1 \end{vmatrix} = 3-(-4)=7$$

将此行列式第二行乘以 2 加到第一行上，得

$$D_1=\begin{vmatrix} 7 & 0 \\ 2 & 1 \end{vmatrix} = 7$$

即 $D=D_1$．

性质 4 在行列式的计算中最常用，它是行列式计算的重要工具．利用该性质，可以将行列式的许多元素化为 0，使其运算简化．

性质 5　行列式的值等于它的任一行的各元素与其代数余子式的乘积之和，即

$$D=a_{i1}A_{i1}+a_{i2}A_{i2}+\cdots+a_{in}A_{in}=\sum_{j=1}^{n}a_{ij}A_{ij}\quad(i=1,2,\cdots,n)$$

性质 5 表明，行列式不仅（由定义）可以按第一行展开，而且还可以按任意一行展开．

例如，若将其按第一行展开，有

$$\begin{vmatrix} 1 & -1 & 3 \\ 2 & -1 & 1 \\ 1 & 0 & 0 \end{vmatrix} = 1\times\begin{vmatrix} -1 & 1 \\ 0 & 0 \end{vmatrix} - (-1)\times\begin{vmatrix} 2 & 1 \\ 1 & 0 \end{vmatrix} + 3\times\begin{vmatrix} 2 & -1 \\ 1 & 0 \end{vmatrix}$$

$$=1\times 0+1\times(-1)+3\times 1=2$$

若将其按第三行展开，有

$$\begin{vmatrix} 1 & -1 & 3 \\ 2 & -1 & 1 \\ 1 & 0 & 0 \end{vmatrix} = 1\cdot A_{31}+0\cdot A_{32}+0\cdot A_{33}=1\times(-1)^{3+1}\times\begin{vmatrix} -1 & 3 \\ -1 & 1 \end{vmatrix}=2$$

由于行列式对行成立的性质对列也同样成立，故行列式也可以按其任意一列展开，即

$$D=a_{1j}A_{1j}+a_{2j}A_{2j}+\cdots+a_{nj}A_{nj}=\sum_{i=1}^{n}a_{ij}A_{ij}\quad(j=1,2,\cdots,n)$$

4.2.3　四阶行列式的计算

利用行列式的性质，可以简化行列式的计算，减少计算量．在这一节，通过一些四阶行列式的例子，说明行列式的性质在计算行列式时的使用情况．

【例 4-15】　计算行列式

$$D=\begin{vmatrix}1&8&0&-2\\2&4&1&3\\0&2&0&0\\-2&3&3&1\end{vmatrix}$$

解　第三行 0 最多，故按此行展开．由性质 5，有

$$\begin{aligned}D&=a_{31}A_{31}+a_{32}A_{32}+a_{33}A_{33}+a_{34}A_{34}\\&=0\cdot A_{31}+2\cdot A_{32}+0\cdot A_{33}+0\cdot A_{34}\\&=2\times(-1)^{3+2}\begin{vmatrix}1&0&-2\\2&1&3\\-2&3&1\end{vmatrix}\\&=-2\times\left[1\times\begin{vmatrix}1&3\\3&1\end{vmatrix}+(-2)\times\begin{vmatrix}2&1\\-2&3\end{vmatrix}\right]\\&=-2\times[-8-16]=48\end{aligned}$$

从例 4-15 可以看出，如果一个行列式的某一行（或列）有很多个零，那么按这一行（或列）展开，可以使这个行列式转化为少数几个甚至一个低一阶的行列式，从而简化行列式的计算．如果在一个行列式中没有零元素很多的行（或列），那么可以先利用行列式的各种性质，使得某一行（或列）变成只有一个非零元素，然后再按照这一行（或列）展开．这样继续下去，就可以把一个较高阶行列式最后变成一个 2 阶行列式，这是计算行列式的一个行之有效的办法．

为了表述方便，在计算行列式时，用 $r_i(c_i)$ 表示行列式的第 i 行（列），用 $r_i\leftrightarrow r_j$（$c_i\leftrightarrow c_j$）表示第 i 行（列）与第 j 行（列）交换；第 i 行（列）乘以 k，记作 $r_i\times k$（$c_i\times k$）；把第 i 行（列）所有元素乘以 k 后加到第 j 行（列）上，记作 kr_i+r_j（kc_i+c_j）.

【例 4-16】 计算行列式

$$D=\begin{vmatrix} 5 & 2 & -6 & -3 \\ -4 & 7 & -2 & 4 \\ -2 & 3 & 4 & 1 \\ 7 & -8 & -10 & -5 \end{vmatrix}$$

解 为了尽量避免分数运算，应当选择 1 或 -1 所在的行（或列）进行变换．因此，首先选择第四列．

$$D=\begin{vmatrix} 5 & 2 & -6 & -3 \\ -4 & 7 & -2 & 4 \\ -2 & 3 & 4 & 1 \\ 7 & -8 & -10 & -5 \end{vmatrix} \xlongequal[5r_3+r_4]{\substack{3r_3+r_1 \\ -4r_3+r_2}} \begin{vmatrix} -1 & 11 & 6 & 0 \\ 4 & -5 & -18 & 0 \\ -2 & 3 & 4 & 1 \\ -3 & 7 & 10 & 0 \end{vmatrix}$$

$$=(-1)^{3+4}\begin{vmatrix} -1 & 11 & 6 \\ 4 & -5 & -18 \\ -3 & 7 & 10 \end{vmatrix} \xlongequal[-3r_1+r_3]{4r_1+r_2} -\begin{vmatrix} -1 & 11 & 6 \\ 0 & 39 & 6 \\ 0 & -26 & -8 \end{vmatrix}$$

$$=-(-1)(-1)^{1+1}\begin{vmatrix} 39 & 6 \\ -26 & -8 \end{vmatrix}=-156$$

【例 4-17】 计算上三角形行列式

$$D=\begin{vmatrix} a_{11} & a_{12} & a_{13} & a_{14} \\ 0 & a_{22} & a_{23} & a_{24} \\ 0 & 0 & a_{33} & a_{34} \\ 0 & 0 & 0 & a_{44} \end{vmatrix} \quad (\text{其中 } a_{ii}\neq 0, i=1,2,3,4)$$

解 按第一列展开

$$D=(-1)^{1+1}a_{11}\begin{vmatrix} a_{22} & a_{23} & a_{24} \\ 0 & a_{33} & a_{34} \\ 0 & 0 & a_{44} \end{vmatrix}=a_{11}(-1)^{1+1}a_{22}\begin{vmatrix} a_{33} & a_{34} \\ 0 & a_{44} \end{vmatrix}=a_{11}a_{22}a_{33}a_{44}$$

类似可得，下三角形行列式

$$\begin{vmatrix} a_{11} & 0 & 0 & 0 \\ a_{21} & a_{22} & 0 & 0 \\ a_{31} & a_{32} & a_{33} & 0 \\ a_{41} & a_{42} & a_{43} & a_{44} \end{vmatrix}=a_{11}a_{22}a_{33}a_{44}$$

可见，对于给定的四阶行列式，若能利用行列式性质将其化为上（下）三角形行列式，而上（下）三角形行列式的值即为其主对角线上 4 个元素的乘积．

【例 4-18】 计算行列式

$$D=\begin{vmatrix} a & b & b & b \\ b & a & b & b \\ b & b & a & b \\ b & b & b & a \end{vmatrix}(\text{其中 } a\neq b)$$

解 由于该行列式每行均有一个 a 和三个 b，故先将各列都加到第一列上去，有

$$D=\begin{vmatrix} a & b & b & b \\ b & a & b & b \\ b & b & a & b \\ b & b & b & a \end{vmatrix}\xlongequal{\sum_{i=2}^{4}c_i+c_1}\begin{vmatrix} a+3b & b & b & b \\ a+3b & a & b & b \\ a+3b & b & a & b \\ a+3b & b & b & a \end{vmatrix}$$

$$\xlongequal[a+3b]{\text{提出第 1 列的公因子}}(a+3b)\begin{vmatrix} 1 & b & b & b \\ 1 & a & b & b \\ 1 & b & a & b \\ 1 & b & b & a \end{vmatrix}$$

$$\xlongequal[i=2,3,4]{-1\cdot r_1+r_i}(a+3b)\begin{vmatrix} 1 & b & b & b \\ 0 & a-b & 0 & 0 \\ 0 & 0 & a-b & 0 \\ 0 & 0 & 0 & a-b \end{vmatrix}$$

$$=(a+3b)(a-b)^3$$

4.2.4 克莱姆法则

解方程是代数中的一个基本的问题，特别是在中学所学代数中，解方程占有重要地位．线性方程组的理论在数学中是基本的也是重要的内容．

对于二元线性方程组

$$\begin{cases} a_{11}x_1+a_{12}x_2=b_1 \\ a_{21}x_1+a_{22}x_2=b_2 \end{cases}$$

当它的系数行列式不为零时，即

$$D=\begin{vmatrix} a_{11} & a_{12} \\ a_{21} & a_{22} \end{vmatrix}\neq 0$$

方程组有唯一解如下

$$x_1=\frac{D_1}{D},x_2=\frac{D_2}{D}$$

其中

$$D_1 = \begin{vmatrix} b_1 & a_{12} \\ b_2 & a_{22} \end{vmatrix}, D_2 = \begin{vmatrix} a_{11} & b_1 \\ a_{21} & b_2 \end{vmatrix}$$

是把 $D = \begin{vmatrix} a_{11} & a_{12} \\ a_{21} & a_{22} \end{vmatrix}$ 中第一、二列的元素分别换成方程组右端的常数项 b_1，b_2 所得到的行列式.

下面把这个结论推广到 n 元线性方程组.

设 n 元线性方程组的一般形式为

$$\begin{cases} a_{11}x_1 + a_{12}x_2 + \cdots + a_{1n}x_n = b_1 \\ a_{21}x_1 + a_{22}x_2 + \cdots + a_{2n}x_n = b_2 \\ \qquad \vdots \\ a_{n1}x_1 + a_{n2}x_2 + \cdots + a_{nn}x_n = b_n \end{cases} \tag{4-1}$$

由它的系数 $a_{ij}(i,j=1,2,\cdots,n)$ 所构成的 n 阶方阵

$$\mathbf{A} = (a_{ij})_{n\times n} = \begin{bmatrix} a_{11} & a_{12} & \cdots & a_{1n} \\ a_{21} & a_{22} & \cdots & a_{2n} \\ \vdots & \vdots & & \vdots \\ a_{n1} & a_{n2} & \cdots & a_{nn} \end{bmatrix}$$

称为方程组（4-1）的系数矩阵，方阵 $\mathbf{A}$ 的行列式 $D=\det\mathbf{A}$ 称为方程组（4—1）的系数行列式.

定理 4-1（克莱姆法则） 若线性方程组（4-1）的系数行列式 $D\neq 0$，则线性方程组存在唯一解

$$x_j = \frac{D_j}{D} \quad (j=1,2,\cdots,n)$$

这里的 D_j 是把系数行列式 D 中第 j 列的元素 $a_{1j},a_{2j},\cdots,a_{nj}$ 换成方程组（4-1）右端的常数项 $b_1,b_2,\cdots,b_n$ 所得到的行列式.

【例 4-19】 解线性方程组

$$\begin{cases} x_1 - x_2 + x_3 - 2x_4 = 2 \\ \quad 2x_1 - x_3 + 4x_4 = 4 \\ \quad 3x_1 + 2x_2 + x_3 = -1 \\ -x_1 + 2x_2 - x_3 + 2x_4 = -4 \end{cases}$$

解　计算行列式

$$D=\begin{vmatrix}1&-1&1&-2\\2&0&-1&4\\3&2&1&0\\-1&2&-1&2\end{vmatrix}=-2\neq 0$$

$$D_1=\begin{vmatrix}2&-1&1&-2\\4&0&-1&4\\-1&2&1&0\\-4&2&-1&2\end{vmatrix}=-2\quad D_2=\begin{vmatrix}1&2&1&-2\\2&4&-1&4\\3&-1&1&0\\-1&-4&-1&2\end{vmatrix}=4$$

$$D_3=\begin{vmatrix}1&-1&2&-2\\2&0&4&4\\3&2&-1&0\\-1&2&-4&2\end{vmatrix}=0\quad D_4=\begin{vmatrix}1&-1&1&2\\2&0&-1&4\\3&2&1&-1\\-1&2&-1&-4\end{vmatrix}=-1$$

于是由克莱姆法则知，方程组的唯一解为

$$x_1=\frac{D_1}{D}=1,x_2=\frac{D_2}{D}=-2$$

$$x_3=\frac{D_3}{D}=0,x_4=\frac{D_4}{D}=\frac{1}{2}$$

如果线性方程组（4-1）的常数项全为零，即

$$\begin{cases}a_{11}x_1+a_{12}x_2+\cdots+a_{1n}x_n=0\\a_{21}x_1+a_{22}x_2+\cdots+a_{2n}x_n=0\\\quad\vdots\\a_{n1}x_1+a_{n2}x_2+\cdots+a_{nn}x_n=0\end{cases}\tag{4-2}$$

那么称之为**齐次线性方程组**．显然，齐次线性方程组总是有解的，因为 $(0,0,\cdots,0)$ 就是一个解，称之为零解．当系数行列式 $D\neq 0$ 时，它的唯一解就是零解．因此有如下结论．

推论　若齐次线性方程组（4-2）的系数行列式 $D\neq 0$，则它只有零解．

这个推论也可以说成是：若齐次线性方程组（4-2）有非零解，则它的系数行列式 $D=0$.

以后可以证明：若齐次线性方程组（4-2）的系数行列式 $D=0$，则它必有非零解．

【例4-20】　判断齐次线性方程组

$$\begin{cases}x_1+x_2+2x_3+3x_4=0\\x_1+2x_2+3x_3+4x_4=0\\3x_1-x_2-x_3-2x_4=0\\2x_1+3x_2-x_3-x_4=0\end{cases}$$

是否仅有零解．

解 因为

$$D=\begin{vmatrix}1&1&2&3\\1&2&3&4\\3&-1&-1&-2\\2&3&-1&-1\end{vmatrix}=-18\neq 0$$

所以该方程组仅有零解．

克莱姆法则仅给出了方程个数与未知量个数相等，并且系数行列式不等于零的线性方程组求解的一种方法．对于更一般的线性方程组的讨论，将在下一节讨论．

习题 4.2

1. 计算下列行列式．

(1) $\begin{vmatrix}2&3\\-1&4\end{vmatrix}$　　(2) $\begin{vmatrix}a-b&b\\-b&a+b\end{vmatrix}$

(3) $\begin{vmatrix}\cos\theta&-\sin\theta\\\sin\theta&\cos\theta\end{vmatrix}$　　(4) $\begin{vmatrix}0&3&0\\-1&4&7\\2&-2&1\end{vmatrix}$

(5) $\begin{vmatrix}1&2&3\\2&3&1\\3&1&2\end{vmatrix}$　　(6) $\begin{vmatrix}0&x&y\\-x&0&z\\-y&-z&0\end{vmatrix}$

2. 用行列式的性质计算下列行列式．

(1) $\begin{vmatrix}a&a^2\\b&b^2\end{vmatrix}$　　(2) $\begin{vmatrix}a+b&c&c\\a&b+c&a\\b&b&c+a\end{vmatrix}$

(3) $\begin{vmatrix}3&1&1&1\\1&3&1&1\\1&1&3&1\\1&1&1&3\end{vmatrix}$　　(4) $\begin{vmatrix}1&2&3&4\\2&3&4&1\\3&4&1&2\\4&1&2&3\end{vmatrix}$

3. 用克莱姆法则解下列线性方程组．

(1) $\begin{cases}3x_1-5x_2=13\\2x_1+7x_2=81\end{cases}$　　(2) $\begin{cases}x_1+x_2-2x_3=-3\\5x_1-2x_2+7x_3=22\\2x_1-5x_2+4x_3=4\end{cases}$

4. 判断下列齐次线性方程组是否有非零解.

(1) $\begin{cases} 2x_1+2x_2-x_3=0 \\ x_1-2x_2+4x_3=0 \\ 5x_1+8x_2-2x_3=0 \end{cases}$ (2) $\begin{cases} x_1-x_2+5x_3-x_4=0 \\ x_1+x_2-2x_3+3x_4=0 \\ 3x_1-x_2+8x_3+x_4=0 \\ x_1+3x_2-9x_3+7x_4=0 \end{cases}$

5. 若齐次线性方程组

$$\begin{cases} \lambda x_1+x_2+x_3=0 \\ x_1+\lambda x_2-x_3=0 \\ 2x_1-x_2+x_3=0 \end{cases}$$

有非零解，求λ值.

4.3 线性方程组的消元解法

在上一节里，讨论了n个未知数n个方程的线性方程组．我们知道，只要这种线性方程组的系数行列式不为零，那么它就有解，而且解是唯一的．不仅如此，它的解还可以用比较简单的公式表示出来，这就是著名的克莱姆法则．但是在很多实际问题中，常常遇到这样的线性方程组：一种是方程的个数与未知数的个数不相等；另一种是未知数个数与方程个数虽然相等，但系数行列式等于零，对于这两种情况，克莱姆法则失效．因此有必要讨论更一般的线性方程组．

设有m个方程n个未知量的线性方程组为

$$\begin{cases} a_{11}x_1+a_{12}x_2+\cdots+a_{1n}x_n=b_1 \\ a_{21}x_1+a_{22}x_2+\cdots+a_{2n}x_n=b_2 \\ \quad\vdots \\ a_{m1}x_1+a_{m2}x_2+\cdots+a_{mn}x_n=b_m \end{cases} \tag{4-3}$$

当右端常数项$b_1=b_2=\cdots=b_m=0$时，称为n元**齐次**线性方程组，否则称为n元**非齐次**线性方程组．

本节将介绍线性方程组的消元解法，并在此基础上讨论线性方程组有非零解和非齐次线性方程组有解的判定及解的结构等问题．

4.3.1 消元法

对于一般的线性方程组来说，所谓方程组（4-3）的一个解就是指由n个数$k_1,k_2,\cdots,k_n$组成的一个有序数组$(k_1,k_2,\cdots,k_n)$，当$x_1,x_2,\cdots,x_n$分别用$k_1,k_2,\cdots,k_n$代入后，使

（4－3）中的每个等式都变成恒等式．方程组（4－3）解的全体称为它的解集合．如果两个方程组有相同的解集合，就称它们是**同解**的．

下面先来介绍如何用消元法解一般的 n 元线性方程组．先来看一个例子．

【例 4－21】 解线性方程组

$$\begin{cases} 2x_1 - x_2 + 3x_3 = 1 \\ 4x_1 + 2x_2 + 5x_3 = 4 \\ 2x_1 + 2x_3 = 6 \end{cases} \tag{4-4}$$

解 把第一个方程的 -2 倍、-1 倍分别加到第二、三个方程上，使得在第二个方程和第三个方程中消去未知量 x_1，得

$$\begin{cases} 2x_1 - x_2 + 3x_3 = 1 \\ 4x_2 - x_3 = 2 \\ x_2 - x_3 = 5 \end{cases} \tag{4-5}$$

把第三个方程的 -4 倍加到第二个方程上，消去未知量 x_2，然后互换第二、第三两个方程的次序，得

$$\begin{cases} 2x_1 - x_2 + 3x_3 = 1 \\ x_2 - x_3 = 5 \\ 3x_3 = -18 \end{cases}$$

最后用 $\frac{1}{2}$ 乘第一个方程，用 $\frac{1}{3}$ 乘第三个方程，得

$$\begin{cases} x_1 - \frac{1}{2}x_2 + \frac{3}{2}x_3 = \frac{1}{2} \\ x_2 - x_3 = 5 \\ x_3 = -6 \end{cases} \tag{4-6}$$

这样，容易求出方程组（4－4）的解为 $(9, -1, -6)$．

形状像（4－4）的方程组称为**阶梯形**方程组．

从上面解题过程中可以看出，用消元法解方程组实际上就是反复对方程组进行以下三种变换：

① 用一个非零的数乘某一个方程；

② 把某一个方程的倍数加到另一个方程上去；

③ 交换两个方程的位置．

把这三种变换叫做线性方程组的初等变换．可以证明，初等变换总是把线性方程组变为一个与它同解的线性方程组．

4.3.2　n 元非齐次线性方程组的消元解法

对于方程组（4－3），可以设 $a_{11}\neq 0$（如果 $a_{11}=0$，那么可以利用初等变换③使得 $a_{11}\neq 0$）．利用初等变换②，分别把第一个方程的 $-\frac{a_{i1}}{a_{11}}$ 倍加到第 i 个方程（$i=2,\cdots,n$）．于是方程组（4－3）就变成

$$\begin{cases} a_{11}x_1+a_{12}x_2+\cdots+a_{1n}x_n=b_1 \\ \qquad a'_{22}x_2+\cdots+a'_{2n}x_n=b'_2 \\ \qquad \vdots \\ \qquad a'_{m2}x_2+\cdots+a'_{mn}x_n=b'_m \end{cases} \tag{4-7}$$

其中

$$a'_{ij}=a_{ij}-\frac{a_{i1}}{a_{11}}\cdot a_{1j}(i=2,\cdots,m;j=2,\cdots,n)$$

这样，解方程组（4－3）的问题就归结为解方程组

$$\begin{cases} a'_{22}x_2+\cdots+a'_{2n}x_n=b'_2 \\ \qquad \vdots \\ a'_{m2}x_2+\cdots+a'_{mn}x_n=b'_m \end{cases} \tag{4-8}$$

的问题（该方程组是由方程组（4－7）中第二个到第 m 个方程构成的）．显然方程组（4－8）的一个解，代入方程组（4－7）的第一个方程就求出 x_1 的值，这就得出方程组（4－7）的一个解；方程组（4－7）的解显然都是方程组（4－8）的解．这就是说，方程组（4－7）有解的充要条件是方程组(4－8)有解，而方程组（4－7）与（4－3）是同解的，因此方程组（4－3）有解的充要条件是方程组（4－8）有解．

对方程组（4－8）再按上面的方法进行变换，并且这样一步步做下去，最后就得到一个阶梯形方程组．为了讨论方便，不妨设所得的方程组为

$$\begin{cases} c_{11}x_1+c_{12}x_2+\cdots+c_{1r}x_r+\cdots+c_{1n}x_n=d_1 \\ \qquad c_{22}x_2+\cdots+c_{2r}x_r+\cdots+c_{2n}x_n=d_2 \\ \qquad \vdots \\ \qquad c_{rr}x_r+\cdots+c_{rn}x_n=d_r \\ \qquad 0=d_{r+1} \\ \qquad 0=0 \\ \qquad \vdots \\ \qquad 0=0 \end{cases} \tag{4-9}$$

其中 $c_{ii}\neq 0$ $(i=1,2,\cdots,r)$．方程组（4－9）中的“0＝0”是一些恒等式，表明相应的方程在原方程组中为多余方程，故去掉以后并不影响方程组的解．

由上述分析，我们知道方程组（4－3）与（4－9）是同解的，而方程组（4－9）是否有解就取决于最后一个方程

$$0=d_{r+1}$$

是否有解．换句话讲，就取决于它是否为恒等式．从而可以得出下面的结论．

① 当 $d_{r+1}\neq 0$ 时，方程组（4－9）无解，从而方程组（4－3）无解．

② 当 $d_{r+1}=0$ 时，方程组（4－9）有解，从而方程组（4－3）有解，此时去掉“0＝0”的方程．分两种情况．

若 $r=n$，则方程组（4－3）可以化为

$$\begin{cases} c_{11}x_1+c_{12}x_2+\cdots+c_{1n}x_n=d_1 \\ c_{22}x_2+\cdots+c_{2n}x_n=d_2 \\ \vdots \\ c_{nn}x_n=d_n \end{cases} \tag{4-10}$$

其中 $c_{ii}\neq 0$ $(i=1,2,\cdots,n)$．于是，可以由最后一个方程开始，将 $x_n,x_{n-1},\cdots,x_1$ 的值逐个唯一地确定，得出方程组（4－10）的唯一解，也就是方程组（4－3）的唯一解．

若 $r<n$，则方程组（4－3）可以化为

$$\begin{cases} c_{11}x_1+c_{12}x_2+\cdots+c_{1r}x_r+c_{1,r+1}x_{r+1}+\cdots+c_{1n}x_n=d_1 \\ c_{22}x_2+\cdots+c_{2r}x_r+c_{2,r+1}x_{r+1}+\cdots+c_{2n}x_n=d_2 \\ \vdots \\ c_{rr}x_r+c_{r,r+1}x_{r+1}+\cdots+c_{rn}x_n=d_r \end{cases}$$

其中 $c_{ii}\neq 0$ $(i=1,2,\cdots,r)$．把它改写成

$$\begin{cases} c_{11}x_1+c_{12}x_2+\cdots+c_{1r}x_r=d_1-c_{1,r+1}x_{r+1}-\cdots-c_{1n}x_n \\ c_{22}x_2+\cdots+c_{2r}x_r=d_2-c_{2,r+1}x_{r+1}-\cdots-c_{2n}x_n \\ \vdots \\ c_{rr}x_r=d_r-c_{r,r+1}x_{r+1}-\cdots-c_{rn}x_n \end{cases} \tag{4-11}$$

由此可见，任给 $x_{r+1},\cdots,x_n$ 一组值，就可以唯一地确定出 $x_1,x_2,\cdots,x_r$ 的值，也就是定出了方程组（4－11）的一个解．一般地，由（4－11）可以把 $x_1,x_2,\cdots,x_r$ 通过 $x_{r+1},\cdots,x_n$ 表示出来

$$\begin{cases} x_1=d'_1-c'_{1,r+1}x_{r+1}-\cdots-c'_{1n}x_n \\ x_2=d'_2-c'_{2,r+1}x_{r+1}-\cdots-c'_{2n}x_n \\ \vdots \\ x_r=d'_r-c'_{r,r+1}x_{r+1}-\cdots-c'_{rn}x_n \end{cases} \tag{4-12}$$

称（4－12）为方程组（4－3）的一般解，并称 $x_{r+1},\cdots,x_n$ 为一组自由未知量．易见，自由未知量的个数为 $n-r$.

【例 4－22】 解线性方程组

$$\begin{cases}2x_1-x_2+3x_3=4\\4x_1+2x_2+5x_3=9\\\qquad 2x_1+5x_3=11\end{cases}$$

解 用初等变换消去第二、三个方程中的 x_1，得

$$\begin{cases}2x_1-x_2+3x_3=4\\\qquad 4x_2-x_3=1\\\qquad x_2+2x_3=7\end{cases}$$

交换第二、第三两个方程的次序，然后用初等变换消去第三个方程中的 x_2，得

$$\begin{cases}2x_1-x_2+3x_3=4\\\qquad x_2+2x_3=7\\\qquad -9x_3=-27\end{cases}$$

用 $-\dfrac{1}{9}$ 乘最后一个方程，得

$$x_3=3$$

代入第二个方程，得

$$x_2=1$$

再把 $x_2=1$，$x_3=3$ 代入第一个方程，得

$$x_1=-2$$

这说明上述方程组有唯一解 $(-2,1,3)$.

【例 4－23】 解线性方程组

$$\begin{cases}2x_1-x_2+3x_3=4\\4x_1+2x_2+5x_3=9\\2x_1+3x_2+2x_3=3\end{cases}$$

解 用初等变换消去第二、第三个方程中的 x_1，得

$$\begin{cases}2x_1-x_2+3x_3=4\\\qquad 4x_2-x_3=1\\\qquad 4x_2-x_3=-1\end{cases}$$

把第二个方程的 -1 倍加到第三个方程上，得

$$\begin{cases}2x_1-x_2+3x_3=4\\ \qquad 4x_2-x_3=1\\ \qquad\qquad 0=-2\end{cases}$$

由此可见，上述方程组无解．

【例 4 - 24】 解线性方程组

$$\begin{cases}2x_1-x_2+3x_3=4\\ 4x_1-2x_2+5x_3=5\\ 2x_1-x_2+4x_3=7\end{cases}$$

解 用初等变换消去第二、三个方程中的 x_1，得

$$\begin{cases}2x_1-x_2+3x_3=4\\ \qquad\qquad -x_3=-3\\ \qquad\qquad x_3=3\end{cases}$$

再施行一次初等变换，得

$$\begin{cases}2x_1-x_2+3x_3=4\\ \qquad\qquad x_3=3\end{cases}$$

把方程组改写成

$$\begin{cases}2x_1+3x_3=4+x_2\\ \qquad x_3=3\end{cases}$$

最后得

$$\begin{cases}x_1=\dfrac{1}{2}(x_2-5)\\ x_3=3\end{cases}$$

这就是上述方程组的一般解，其中 x_2 是自由未知量．

以上是用消元法解线性方程组的整个过程．总而言之，首先利用初等变换化线性方程组为阶梯形方程组，并把方程中最后出现的一些恒等式“$0=0$”去掉，然后再进行讨论．如果剩下的方程中最后的一个等式是零等于某一非零的数，那么方程组无解，否则有解．在有解的情况下，如果阶梯形方程组中的方程个数 r 等于未知量的个数 n，那么方程组有唯一的解；如果阶梯形方程组中方程的个数 r 小于未知量的个数 n，那么方程组就有无穷多个解；而 $r>n$ 的情况是不会出现的．

4.3.3 n 元齐次线性方程组的消元解法

设含有 n 个变量，由 m 个方程组成的齐次线性方程组为

$$\begin{cases} a_{11}x_1 + a_{12}x_2 + \cdots + a_{1n}x_n = 0 \\ a_{21}x_1 + a_{22}x_2 + \cdots + a_{2n}x_n = 0 \\ \qquad \vdots \\ a_{m1}x_1 + a_{m2}x_2 + \cdots + a_{mn}x_n = 0 \end{cases} \tag{4-13}$$

与解非齐次线性方程组的情况类似，设对（4－13）进行一系列初等变换后化为下列阶梯形方程组

$$\begin{cases} c_{11}x_1 + c_{12}x_2 + \cdots + c_{1r}x_r + \cdots + c_{1n}x_n = 0 \\ \qquad c_{22}x_2 + \cdots + c_{2r}x_r + \cdots + c_{2n}x_n = 0 \\ \qquad\qquad \vdots \\ \qquad\qquad c_{rr}x_r + \cdots + c_{rn}x_n = 0 \end{cases} \tag{4-14}$$

于是出现两种情况．

若 r＝n，则方程组（4－14）形如

$$\begin{cases} c_{11}x_1 + c_{12}x_2 + \cdots + c_{1n}x_n = 0 \\ \qquad c_{22}x_2 + \cdots + c_{2n}x_n = 0 \\ \qquad\qquad \vdots \\ \qquad\qquad c_{nn}x_n = 0 \end{cases} \tag{4-15}$$

其中 $c_{ii} \neq 0$（$i=1,2,\cdots,n$）．此时方程组仅有唯一零解．

若 $r<n$，不妨令 $c_{ii} \neq 0$（$i=1,2,\cdots,r$），则经初等变换可将方程组（4－14）化为

$$\begin{cases} x_1 = c'_{1,r+1}x_{r+1} + \cdots + c'_{1n}x_n \\ x_2 = c'_{2,r+1}x_{r+1} + \cdots + c'_{2n}x_n \\ \qquad \vdots \\ x_r = c'_{r,r+1}x_{r+1} + \cdots + c'_{rn}x_n \end{cases} \tag{4-16}$$

x_{r+1}，…，x_n 为自由未知量，只要给定 $x_{r+1},\cdots,x_n$ 一组不全为零的数，即可得到方程组的一个非零解．式（4－16）也称为齐次线性方程组的一般解．

特别地，如果齐次线性方程组（4－13）满足 $m<n$，则由上述消元过程可推知 $r \leqslant m<n$，此时方程组必有非零解．

【例 4－25】 解线性方程组

$$\begin{cases} x_1 - x_2 + x_3 = 0 \\ 3x_1 - 2x_2 - x_3 = 0 \\ 3x_1 - x_2 + 5x_3 = 0 \\ -2x_1 - 2x_2 + 3x_3 = 0 \end{cases}$$

解 利用消元法将方程组化为阶梯形

$$\begin{cases} x_1 - x_2 + x_3 = 0 \\ \qquad x_2 - 4x_3 = 0 \\ \qquad\qquad 5x_3 = 0 \\ \qquad\qquad\quad 0 = 0 \end{cases}$$

由此知 $r=n=3$，故方程组仅有零解 $x_1 = x_2 = x_3 = 0$.

【例 4－26】 解线性方程组

$$\begin{cases} x_1 + x_2 + x_3 + 4x_4 - 3x_5 = 0 \\ x_1 - x_2 + 3x_3 - 2x_4 - x_5 = 0 \\ 2x_1 + x_2 + 3x_3 + 5x_4 - 5x_5 = 0 \\ 3x_1 + x_2 + 5x_3 + 6x_4 - 7x_5 = 0 \end{cases} \tag{4-17}$$

由于此方程组的方程个数 $m=4$，未知量个数 $n=5$，$m<n$，因此方程组（4－17）有非零解．对方程组（4－17）施行一系列的初等变换化成阶梯形方程组

$$\begin{cases} x_1 + x_2 + x_3 + 4x_4 - 3x_5 = 0 \\ \qquad x_2 - x_3 + 3x_4 - x_5 = 0 \\ \qquad\qquad\qquad\qquad 0 = 0 \\ \qquad\qquad\qquad\qquad 0 = 0 \end{cases}$$

再施行一次初等变换，得到（4－17）的一般解

$$\begin{cases} x_1 = -2x_3 - x_4 + 2x_5 \\ x_2 = -x_3 - 3x_4 + x_5 \end{cases}$$

其中 x_3, x_4, x_5 是自由未知量．

习题 4.3

用消元法解下列方程组．

1. $\begin{cases} x_1-3x_2+x_3-2x_4=0 \\ -5x_1+x_2-2x_3+3x_4=0 \\ -x_1-11x_2+2x_3-5x_4=0 \\ 3x_1+5x_2+x_4=0 \end{cases}$

2. $\begin{cases} x_1-x_2+x_3-x_4=0 \\ x_1-x_2-x_3+x_4=0 \\ x_1-x_2-2x_3+2x_4=0 \end{cases}$

3. $\begin{cases} x_1+2x_2+3x_3+x_4=3 \\ x_1+4x_2+5x_3+2x_4=2 \\ 2x_1+9x_2+8x_3+3x_4=7 \\ 3x_1+7x_2+7x_3+2x_4=12 \end{cases}$

4. $\begin{cases} x_1+2x_2+x_3-x_4=4 \\ 3x_1+6x_2-x_3-3x_4=8 \\ 5x_1+10x_2+x_3-5x_4=16 \end{cases}$

5. $\begin{cases} x_1+x_2-3x_3-x_4=1 \\ 3x_1-x_2-3x_3+4x_4=4 \\ x_1+5x_2-9x_3-8x_4=0 \end{cases}$

6. $\begin{cases} x_1+x_2+x_3+x_4+x_5=2 \\ 2x_1+3x_2+x_3+x_4=0 \\ x_1+2x_3+2x_4+6x_5=6 \\ 4x_1+5x_2+3x_3+3x_4-x_5=4 \end{cases}$

总 习 题 四

一、填空题

1. 设 $\begin{bmatrix} 3x & 2y \\ 1 & -1 \end{bmatrix} - \begin{bmatrix} -y & x \\ 1 & 2 \end{bmatrix} = \begin{bmatrix} 1 & -1 \\ 0 & -4 \end{bmatrix}$，则 $x=$________，$y=$________.

2. 设 $\boldsymbol{A}=\begin{bmatrix} 1 & 2 \\ 0 & 3 \end{bmatrix}$，$\boldsymbol{B}=\begin{bmatrix} 1 & 2 \\ a & b \end{bmatrix}$，且 $\boldsymbol{A}=\boldsymbol{B}$，则 a ________，$b=$________.

3. 若 $\boldsymbol{A}=(-1 \quad 2)$，$\boldsymbol{B}=(2 \quad -3 \quad 1)$，则 $\boldsymbol{A}'\boldsymbol{B}=$________.

4. 设 $\boldsymbol{A}=\begin{bmatrix} 2 & 5 \\ 1 & 3 \end{bmatrix}$，$\boldsymbol{B}=\begin{bmatrix} 4 & -6 \\ 2 & 1 \end{bmatrix}$，若 $\boldsymbol{X}+2\boldsymbol{A}=\boldsymbol{B}$，则 $\boldsymbol{X}=$________.

5. 齐次线性方程组必有________解.

6. 已知 $\boldsymbol{A}=\begin{bmatrix}-1 & 1 & 0\\ -4 & 3 & 0\\ 1 & 0 & 2\end{bmatrix}$，则 $|\boldsymbol{A}|=$________.

7. 设 $a_1a_2a_3\neq 0$，$\boldsymbol{D}_1=\begin{bmatrix}2a_1 & 0 & 0\\ 0 & 2a_2 & 0\\ 0 & 0 & 2a_3\end{bmatrix}$，$\boldsymbol{D}_2=\begin{bmatrix}0 & 0 & a_1\\ 0 & a_2 & 0\\ a_3 & 0 & 0\end{bmatrix}$，则 $\boldsymbol{D}_1=$________$\boldsymbol{D}_2$.

8. 当 $\lambda=$________时，方程组 $\begin{cases}x_1+x_2=-1\\ x_1+\lambda x_2=1\end{cases}$ 无解.

二、选择题

1. 已知 $|\boldsymbol{A}_3|=2$，则 $|2\boldsymbol{A}|=$（　　）.

A. 2^3　　B. 2^4　　C. 2^2　　D. 2

2. 设矩阵 $\boldsymbol{A}_{3\times 2}$，$\boldsymbol{B}_{2\times 3}$，$\boldsymbol{C}_{3\times 4}$，下列运算（　　）可行.

A. $\boldsymbol{ABC}$　　B. $\boldsymbol{ACB}$　　C. $\boldsymbol{CAB}$　　D. $\boldsymbol{BAC}$

3. $\begin{bmatrix}1\\ 2\end{bmatrix}\begin{bmatrix}2 & 3\end{bmatrix}=$（　　）.

A. 8　　B. $\begin{bmatrix}2 & 6\end{bmatrix}$　　C. $\begin{bmatrix}2\\ 6\end{bmatrix}$　　D. $\begin{bmatrix}2 & 3\\ 4 & 6\end{bmatrix}$

4. 已知方程组

$$\begin{cases}x_1-x_2+x_3=1\\ x_2+3x_3=0\\ 2x_1+x_2+12x_3=0\end{cases}$$

则方程组（　　）.

A. 无解　　B. 有唯一解

C. 有无穷多个解　　D. 不能确定

5. $\begin{vmatrix}1 & 2 & 4 & 4\\ 2 & 4 & 8 & 8\\ 3 & 9 & 15 & 20\\ 17 & 26 & 19 & 21\end{vmatrix}=$（　　）.

A. 0　　B. 1　　C. 2　　D. -1

三、计算题

1. $\begin{vmatrix}1 & 2 & 4\\ 2 & 4 & 8\\ 3 & 6 & 9\end{vmatrix}$.

2. $\begin{vmatrix} 1 & 1 & 1 \\ a & b & c \\ b+c & c+a & a+b \end{vmatrix}$.

3. 试写出一个 3×4 的矩阵 $\boldsymbol{A}=[a_{ij}]_{3\times4}$，使其满足

$$a_{ij}=i+j(i=1,2,3;j=1,2,3,4)$$

4. $\begin{bmatrix} 0 & 1 \\ 1 & 0 \end{bmatrix}\begin{bmatrix} 1 & 2 \\ 4 & 3 \end{bmatrix}$.

5. 用克莱姆法则解线性方程组

$$\begin{cases} x_1+2x_2+3x_3=8 \\ 2x_1+5x_2+9x_3=16 \\ 3x_1-4x_2-5x_3=32 \end{cases}$$

6. 用消元法解线性方程组

$$\begin{cases} x_1+x_2+2x_3-x_4=0 \\ 2x_1+x_2+x_3-x_4=0 \\ 2x_1+2x_2+x_3+2x_4=0 \end{cases}$$

四、应用题

1. 矩阵 $\boldsymbol{S}$ 给出了本周的各种沙发、椅子、咖啡桌和大桌的订货量，从生产车间运到售货超市的家具组合有三种款式：古式的、普通式的和现代式的，矩阵 $\boldsymbol{T}$ 给出了仓库中家具数量的清单．试问：

$$\boldsymbol{S}=\begin{bmatrix} 2 & 0 & 1 \\ 10 & 2 & 3 \\ 2 & 4 & 3 \\ 6 & 8 & 2 \end{bmatrix}\begin{matrix} \text{沙发} \\ \text{椅子} \\ \text{咖啡} \\ \text{大桌} \end{matrix} \quad \boldsymbol{T}=\begin{bmatrix} 12 & 10 & 15 \\ 40 & 15 & 17 \\ 17 & 42 & 18 \\ 24 & 24 & 24 \end{bmatrix}\begin{matrix} \text{沙发} \\ \text{椅子} \\ \text{咖啡} \\ \text{大桌} \end{matrix}$$

（列依次为：古　普　现）

(1) 在矩阵 $\boldsymbol{S}$ 中的 10 是什么意思？

(2) $\boldsymbol{S}$，$\boldsymbol{T}$ 是几阶矩阵？

(3) 计算 $\boldsymbol{T}-\boldsymbol{S}$，并给出它的实际意义．

(4) 由于销售季节早到，预计下周每种家具的销量比本周高 50%，用 $\boldsymbol{S}$，$\boldsymbol{T}$ 来表示下周末仓库中存货的清单（用矩阵表示）．

2. 一药剂师有 A、B 两种药水，其中 A 药水含盐 3%，B 药水含盐 8%，问能否用这两种药水配制出 2 升含盐 6%的药水？如果可以，需要 A、B 药水各多少？

阅读材料一：线性代数发展史

线性代数是高等代数的一大分支。我们知道一次方程叫做线性方程，讨论线性方程及线性运算的代数就叫做线性代数。在线性代数中最重要的内容就是行列式和矩阵。行列式和矩阵在19世纪受到很大的注意，而且写了成千篇关于这两个课题的文章。向量的概念，从数学的观点来看不过是有序三元数组的一个集合，然而它以力或速度作为直接的物理意义，并且数学上用它能立刻写出物理上所说的事情。向量用于梯度、散度、旋度就更有说服力。同样，行列式和矩阵如导数一样（虽然 dy/dx 在数学上不过是一个符号，但导数本身是一个强有力的概念，能使我们直接而创造性地想像物理上发生的事情）。因此，虽然表面上看，行列式和矩阵不过是一种语言或速记，但它的大多数生动的概念能对新的思想领域提供钥匙。

线性代数学科和矩阵理论是伴随着线性系统方程系数研究而引入和发展的。行列式的概念最早是由17世纪日本数学家关孝和提出来的，他在1683年写了一部叫做《解伏题之法》的著作，意思是“解行列式问题的方法”，书里对行列式的概念和它的展开已经有了清楚的叙述。欧洲第一个提出行列式概念的是德国的数学家、微积分学奠基人之一莱布尼茨（Leibnitz，1693年）。1750年克莱姆（Cramer）在他的《线性代数分析导言》（*Introductiond l'analyse des lignes courbes alge'briques*）中发表了求解线性系统方程的重要基本公式（即人们熟悉的克莱姆法则）。1764年，Bezout把确定行列式每一项的符号的手续系统化了。对给定了含 n 个未知量的 n 个齐次线性方程，Bezout证明了系数行列式等于零是该方程组有非零解的条件。Vandermonde是第一个对行列式理论进行系统阐述（即把行列式理论与线性方程组求解相分离）的人，并且给出了一条法则，即用二阶子式和它们的余子式来展开行列式。就对行列式本身进行研究这一点而言，他是这门理论的奠基人。Laplace在1772年的论文《对积分和世界体系的探讨》中，证明了Vandermonde的一些规则，并推广了他的展开行列式的方法，用 r 行中所含的子式和它们的余子式的集合来展开行列式，这个方法现在仍然以他的名字命名。德国数学家雅可比（Jacobi）也于1841年总结并提出了行列式的系统理论。另一个研究行列式的是法国最伟大的数学家柯西（Cauchy），他大大发展了行列式的理论，在行列式的记号中他把元素排成方阵并首次采用了双重足标的新记法，与此同时发现两行列式相乘的公式及改进并证明了laplace的展开定理。相对而言，最早利用矩阵概念的是拉格朗日（Lagrange）在1700年后的双线性工作中体现的。拉格朗日期望了解多元函数的最大、最小值问题，其方法就是人们知道的拉格朗日迭代法。为了完成这些，他首先需要一阶偏导数为0，另外还要有二阶偏导数矩阵的条件。这个条件就是今天所谓的正、负的定义，尽管拉格朗日没有明确地提出利用矩阵。

高斯（Gauss）大约在1800年提出了高斯消元法并用它解决了天体计算和后来的地球表面测量计算中的最小二乘法问题。虽然高斯由于这个技术成功地消去了线性方程的变量而出名，但早在几世纪中国人的手稿中就出现了解释如何运用“高斯”消去的方法求解带有三个未知量的三方程系统。在当时的几年里，高斯消去法一直被认为是测地学发展的一部分，而不是数学。而“高斯—约当”消去法则最初是出现在由Wilhelm Jordan撰写的测地学手册中。许多人把著名的数学家Camille Jordan误认为是“高斯—约当”消去法中的约当。

随着矩阵代数的丰富发展，人们需要有合适的符号和合适的矩阵乘法定义。1848年英格兰的J. J. Sylvester首先提出了矩阵这个词，它来源于拉丁语，代表一排数。1855年矩阵代数得到了Arthur Cayley的工作培育。Cayley研究了线性变换的组成并提出了矩阵乘法的定义，使得复合变换$\boldsymbol{ST}$的系数矩阵变为矩阵$\boldsymbol{S}$和矩阵$\boldsymbol{T}$的乘积。他还进一步研究了那些包括逆矩阵在内的代数问题。著名的Cayley-Hamilton理论，即断言一个矩阵的平方就是它的特征多项式的根，就是由Cayley在1858年在他的矩阵理论文集中提出的。利用单一的字母A来表示矩阵是对矩阵代数发展至关重要的。在早期，公式$\det(\boldsymbol{AB})=\det(\boldsymbol{A})\det(\boldsymbol{B})$为矩阵代数和行列式之间提供了一种联系。数学家Cauchy首先给出了特征方程的术语，并证明了阶数超过3的矩阵有特征值及任意阶实对称行列式都有实特征值；给出了相似矩阵的概念，并证明了相似矩阵有相同的特征值；研究了代换理论等。

数学家试图研究向量代数，但在任意维数中并没有两个向量乘积的自然定义。第一个涉及一个不可交换向量积的向量代数是由Hermann Grassmann在他的《线性扩张论》（*Die lineale Ausdehnungslehre*）一书中提出的。他的观点还被引入到一个列矩阵和一个行矩阵的乘积中，结果就是现在称之为秩数为1的矩阵，或称简单矩阵。在19世纪末美国数学物理学家Willard Gibbs发表了关于《向量分析基础》（*Elements of Vector Analysis*）的著名论述。其后物理学家P. A. M. Dirac提出了行向量和列向量的乘积为标量。我们习惯的列矩阵和向量都是在20世纪由物理学家给出的。

矩阵的发展是与线性变换密切相连的，到19世纪它还仅占线性变换理论形成中有限的空间。现代向量空间的定义是由Peano于1888年提出的。第二次世界大战后随着现代数字计算机的发展，矩阵又有了新的含义，特别是在矩阵的数值分析等方面。由于计算机的飞速发展和广泛应用，许多实际问题可以通过离散化的数值计算得到定量的解决。于是作为处理离散问题的线性代数，成为从事科学研究和工程设计的科技人员必备的数学基础。

阅读材料二：人物传记

矩阵论的创立者——凯莱

凯莱（Arthur Cayley），1821年8月16日生于英国萨里的里士满，1895年1月26日卒于英国剑桥，是著名的数学家和天文学家。

凯莱的父亲亨利·凯莱（Henry Cayley）是一位在俄国圣彼得堡从事贸易的英国商人，其母玛丽亚·安东妮娅·道蒂（Maria Antonia Doughty）据说有俄罗斯血统。

1829年，凯莱的父亲退休，全家在英国定居。凯莱被送到伦敦布里克里什一所小规模的私立学校念书，在学校里，他充分显示了数学天才，尤其是在数值计算方面有惊人的技巧。14岁时，父亲将他送到伦敦国王学院学习，国王学院的教师们十分欣赏凯莱的数学才能，并鼓励他发展数学能力。开始时父亲从商人的眼光出发强烈反对他将来成为一名数学家，但父亲最终被校长说服了，同意他学习数学。17岁那年，凯莱进入著名的剑桥大学三一学院就读，他在数学上的成绩远远超出其他人。他是作为自费生进入剑桥大学的，1840年成了一位奖学金获得者。1842年，21岁的凯莱以剑桥大学数学荣誉学位考试一等的身份毕业，并获得了史密斯奖金考试的第一名。

1842年10月，凯莱被选为三一学院的研究员和助教，在他那个时代乃至整个19世纪，他是获得这种殊荣的人中最年轻的一位，为期三年，其职责是教为数不多的学生，工作很轻松，于是他在这一时期的大部分时间内从事自己感兴趣的研究，他广泛阅读高斯、拉格朗日等数学大师的著作，并开始进行有创造性的数学工作。三年后，由于剑桥大学要求他出任圣职，于是他离开剑桥大学进入了法律界。

1849年，凯莱取得律师资格。值得注意的是，在19世纪，英国许多一流的大法官、大律师都是像凯莱这样的剑桥大学数学荣誉学位考试一等及格者。

凯莱取得律师资格后，从事律师职业长达14年之久，主要处理与财产转让有关的法律事务。作为一位名声与日俱增的大律师，他过着富裕的生活，并且为从事自己喜爱的研究积攒了足够的钱财。在这段作为大律师的时间里，他挤出了许多时间从事数学研究，发表了近300篇数学论文，其中许多工作现在看来仍然是第一流的和具有开创性的。

正是在担任律师的时期，凯莱与著名的美国数学事业创始人之一西尔维斯特（Sylvester）开始了长期的友谊与合作。西尔维斯特从1846年起由数学界进入法律界，1850年取得律师资格，两人作为法律界的数学家结识而走到了一起。1851年，两人开始用书面形式表达对对方给予自己在数学方面的帮助的感激之情。在1851年出版的一篇论文中，西尔维斯特写道："上面阐明的公理部分是在同凯莱先生的一次谈话中提出的……我感激他使我恢复了享受数学生活的乐趣。"1852年，西尔维斯特提到凯莱"惯常讲的话都恰如珍珠宝石"。凯莱与西尔维斯特被认为共同创立了不变量的代数理论。E. T. 贝尔（Bell）称他们是"不变量的孪生兄弟"。

凯莱时刻准备放弃律师职业，从事他所喜爱的数学研究事业。机会终于来了，1863年，剑桥大学新设立了一个萨德勒（Sadler）纯粹数学教授席位，由于出色的数学工作，凯莱被任命为首位萨德勒数学教授，他担任这一职务直至去世。虽然作为数学教授的收入远比作为一名大律师少，但他却感到十分高兴。他将全部精力投入到数学研究与数学之中，高质量、高产出地奉献出一个又一个重要的数学成果。

凯莱在数学上最早、最重要的工作之一，是创立不变量理论。他还深入研究了不变量的完备系问题，他证明了艾森斯坦所求得的二元三次式，他本人求得的二元四次式的不变量与协变量分别是两种情况下的完备系。凯莱在不变量理论奠基性的创造工作中，还涉及了众多其他数学分支重要而基本的问题。

凯莱在代数方面的工作也是非常突出的。他第一个将矩阵作为一个独立的数学概念、对象而讨论，并且首先发表了一系列讨论矩阵的文章，因此他作为矩阵代数的创立者是当之无愧的。在1858年的第一篇矩阵文章"矩阵论的研究报告"中，凯莱引进了矩阵的基本概念和运算；给出了零矩阵、单位矩阵的定义；给出了矩阵的加法、数乘及乘法的定义，并着重强调，矩阵乘法满足结合律，但一般不满足交换律。他还给出了求矩阵的逆矩阵（如果有的话）的一般方法。

在矩阵论研究中，凯莱给出了矩阵代数一系列重要而基本的性质，如有关转置矩阵、对称矩阵、斜对称矩阵的定义与性质。凯莱引入了方阵的特征方程的概念，表明特征方程的根是矩阵的特征值（或特征根）。在1858年，凯莱发表文章指出矩阵是其特征方程的根，这即是现在的凯莱—哈密顿定理。

值得指出的是，在1841年凯莱已经引入两条竖线作为行列式符号表示行列式，后为世人采用。

凯莱一生发表论文近千篇，涉及数学、理论力学和天文学。他一生获得过牛津、爱丁堡、哥廷根等七所著名大学的荣誉学位，被选为许多国家科学院、研究院的院士，曾任剑桥哲学会、伦敦数学会和皇家天文学会的会长，1883年获伦敦皇家学会科普利勋章。

数学天才——雅可比

雅可比（Jacobi，1804—1851 年）德国数学家，生于波茨坦（Patsdam），卒于柏林。他出身于一个富裕的犹太人家庭，其父是银行家。雅可比 1816—1820 年在波茨坦的中学学习，他掌握的数学知识远远超过学校所讲授的内容。他还自学了欧拉（Euler，1707—1783 年）的《无穷小分析引论》（*Introductioin analvsin infinitorum*），并且试图解五次代数方程。

1821 年 4 月雅可比入柏林大学，开始两年的学习生活，他对哲学、古典文学和数学都颇有兴趣，最后还是决定全力投身于数学。1825 年雅可比获柏林大学哲学博士学位，之后，留校任教。由于雅可比善于将自己的新观点贯穿在教学之中，并启发学生独立思考，因此成为学校最受欢迎的数学教师之一。1826 年 5 月雅可比到柯尼斯堡大学任教，1827 年 12 月被任命为副教授，1832 年 7 月为教授，1827 年被选为柏林科学院院士。此外，他还是伦敦皇家学会会员，是彼得堡、维也纳、巴黎、马德里等科学院院士。1842 年雅可比由于健康不佳而退隐，定居柏林。1851 年 2 月因患天花而去世，终年不满 47 岁。

雅可比在数学上做出了重大贡献，他几乎与阿贝尔（Abel，1802—1829 年）同时各自独立地发现了椭圆函数，是椭圆函数理论的奠基人之一。1827 年雅可比从陀螺的旋转问题入手，开始对椭圆函数进行研究。1827 年 6 月在《天文报告》（*Astronomische Nachrichten*）上发表了《关于椭圆函数变换理论的某些结果》，1829 年发表了《椭圆函数基本新理论》（*Fundamenta Nova Theoeiae Functionum Ellipticarum*），成为椭圆函数的一本关键性著作。书中利用椭圆积分的反函数研究椭圆函数，这是一个关键性的进展。他还把椭圆函数理论建立在被称为 θ 函数这一辅助函数的基础上。他引进了四个 θ 函数，然后利用这些函数构造出椭圆函数的最简单的因素。他还得到 θ 函数的各种无穷级数和无穷乘积的表示法。1832 年雅可比发现反演可以借助于多于一个变量的函数来完成，于是 p 个变量的阿贝尔函数论产生了，并成为 19 世纪数学界的一个重要课题。1835 年雅可比证明了单变量的一个单值函数，如果对于自变量的每一个有穷值具有有理函数的特性（即为一个亚纯函数），它就不可能有多于两个周期，且周期的比必须是一个非实数。这个发现开辟了一个新的研究方向，即找出所有的双周期函数的问题。椭圆函数理论在 19 世纪数学领域中占有十分重要的地位，它为发现和改进复变函数理论中的一般定理创造了有利条件。如果没有椭圆函数理论中的一些特例为复变函数理论提供那么多的线索，那么复变函数理论的发展就会慢很多。

雅可比在函数行列式方面有一篇著名的论文——《论行列式的形成与性质》(1841)。文中求出了函数行列式的导数公式，还利用函数行列式证明了函数之间相关或无关的条件是雅克比行列式等于零或不等于零。他又给出了雅可比行列式的乘积定理。

雅可比在动力学方面（尤其是把微分方程应用于动力学）的成就也是出色的。他深入研究了哈密尔顿（Hamilton，1805—1865年）典型方程，经过引入广义坐标变换后得到一阶偏微分方程，称为哈密尔顿—雅可比微分方程。这方面的研究成果在专著《动力学讲义》中得到了全面反映，书中还探讨过一个椭球体上的侧地线，从而导致了两个阿贝尔积分之间的关系，这样促进了常微分方程组和一阶偏微分方程组研究的进展。

雅可比最先将椭圆函数理论应用于数论研究。他在1827年的论文中已做了一些工作，后来又用椭圆函数理论得到同余式和型理论中的一些结果；他曾给出过二次互反律的证明，还陈述过三次互反律并给出了证明。

雅可比对数学史的研究也感兴趣，1846年1月他做过关于笛卡儿（Descartes，1596—1650年）的通俗演讲，对古希腊数学也做过研究和评论。

另外，雅可比在发散级数理论、变分法中的二阶变分问题、线性代数和天文学等方面均有创见。

现在数学中的许多定理、公式和函数恒等式、方程、积分、曲线、矩阵、根式、行列式及多种数学符号的名称都冠以雅克比的名字。1881—1891年普鲁士科学院陆续出版了由C. W. 博尔夏特（Borchardt）等人编辑的七卷《雅可比全集》和增补集，这是雅可比留给世界数学界的珍贵遗产。

生活中最重要的问题，绝大部分其实只是概率问题．

——拉普拉斯

在抽象的意义下，一切科学都是数学；在理性的世界里，所有的判断都是统计学．

——C. R. Rao

第5章　概率论初步

概率论是研究和揭示随机现象统计规律性的一门数学学科．目前，概率论中的基本理论和分析方法已得到广泛的运用，如气象、地震预报、人口控制及预测等，几乎遍及科技领域、社会科学和工农业生产的各个部门．它已成为近代数学的一个重要组成部分．

本章将对概率论作初步介绍，其具体内容包括随机事件与样本空间、古典概型、乘法公式、随机变量及其分布以及随机变量的数字特征等．

5.1　随机事件与样本空间

1. 随机现象及其统计规律性

客观世界中存在着两类现象，一类是在一定的条件下必然出现的现象，称之为**必然现象**．例如，在标准大气压下，把水加热到100℃，此时水沸腾是必然发生的现象．另一类是在一定的条件下可能出现也可能不出现的现象，称之为**随机现象**．概率论是研究随机现象（偶然现象）规律性的科学．

人们在自己的实践活动中，常常会遇到随机现象．例如，远距离射击较小的目标，可能击中也可能击不中，每一次射击的结果是随机（偶然）的．例如，抛掷一枚质地均匀的硬币，其落地后可能是有国徽的一面（称为正面）朝上，也可能是有数字的一面（称为反面）朝上，投掷硬币前不能准确地预言，投掷硬币的结果也是随机的．

由以上的例子可以看出，随机现象具有两重性：表面上的偶然性与内部蕴含着的必然规律性．随机现象的偶然性又称为它的随机性．在一次实验或观测中，结果的不确定性就是随机现象随机性的一面；在相同的条件下进行大量重复实验或观测时呈现出来的规律性是随机现象必然性的一面，称随机现象的必然性为统计规律性．

2. 随机试验与随机事件

研究随机现象，首先要对研究对象进行观察试验．为简便起见，把对某现象或对某事物的某个特征的观察（测），以及各种各样的科学实验，统称为试验．这类试验的特征是：在一定的条件下，试验的可能结果不止一个．例如，抛掷硬币试验，一次抛掷，哪一面朝上是随机的，但在大量重复试验下，其试验结果却呈现出某种规律性．例如，当把同一枚硬币进行成千上万次抛掷，人们发现，“正面朝上”与“反面朝上”这两个试验结果出现的次数大致各占一半．所以，试验就是一定的综合条件的实现．假定这种综合条件可以任意多次地重复实现．大量现象就是很多次试验的结果．

定义 5-1 一般地，一个随机试验要具有下列特点：

① 试验原则上可在相同条件下重复进行；

② 试验结果是可观察的，并且结果有多种可能性，所有可能结果又是事先可知的；

③ 每次试验将要出现的结果是不确定的，事先无法准确预知．

若试验满足上述特点，则称试验为随机试验，以后简称为试验，记作 E.

当一定的综合条件实现时，也就是在试验的结果中，所发生的现象叫做**事件**．如果在每次试验的结果中，某事件一定发生，则这一事件叫做**必然事件**；相反地，如果某事件一定不发生，则叫做**不可能事件**．

在试验的结果中，可能发生也可能不发生的事件，叫做**随机事件（偶然事件）**．例如，任意抛掷硬币时，国徽向上是随机事件；远距离射击时，击中目标是随机事件；自动车床加工机械零件时，加工出来的零件为合格品是随机事件等．

通常用字母 $A,B,C,\cdots$ 表示随机事件，而字母 Ω 表示必然事件，字母 $\varnothing$ 表示不可能事件．

3. 样本空间

试验的结果中每一个可能发生的事件叫做试验的**样本点**，通常用字母 ω 表示．

定义 5-2 试验的所有样本点 $\omega_1,\omega_2,\cdots,\omega_n,\cdots$ 构成的集合叫做样本空间，通常用字母 Ω 表示，记作

$$\Omega=\{\omega_1,\omega_2,\cdots,\omega_n,\cdots X\}$$

【例 5-1】 设试验为任意抛掷一枚硬币，则样本点为

ω_1 表示“徽花向上”，ω_2 表示“字向上”．

于是样本空间为

$$\Omega_1=\{\omega_1,\omega_2\}$$

【例 5-2】 试验为从装有三个白球（记为 1，2，3 号）与两个黑球（记为 4，5 号）的袋中任取两个球．

(1) 如果观察取出的两个球的颜色，则样本点为

ω_{00} 表示“取出两个白球”，

ω_{11} 表示“取出两个黑球”，

ω_{01} 表示“取出一个白球与一个黑球”，

于是样本空间为

$$\Omega_2' = \{\omega_{00}, \omega_{01}, \omega_{11}\}$$

（2）如果观察取出的两个球的号码，则样本点为

ω_{ij} 表示“取出第 i 号与第 j 号球”（$1 \leqslant i < j \leqslant 5$）

于是由 $C_5^2 = 10$ 个样本点构成的样本空间为

$$\Omega_2'' = \{\omega_{12}, \omega_{13}, \omega_{14}, \omega_{15}, \omega_{23}, \omega_{24}, \omega_{25}, \omega_{34}, \omega_{35}, \omega_{45}\}$$

【例 5-3】 设试验为观察放射性物质在一段时间内放射的粒子数，则样本点为

ω_i 表示“放射 i 个粒子”（$i = 0, 1, 2, \cdots$）

于是由可数无穷多个样本点构成的样本空间为

$$\Omega_3 = \{\omega_0, \omega_1, \omega_2, \cdots\}$$

【例 5-4】 设试验为测量车床加工的零件直径，则样本点为

ω_x 表示“测得零件的直径为 x 毫米”（$a \leqslant x \leqslant b$）

于是样本空间为

$$\Omega_4 = \{\omega_x \mid a \leqslant x \leqslant b\}$$

4. 随机事件的关系与运算

在实际问题中，常常需要同时考察多个在相同试验条件下的随机事件及它们之间的联系．详细地分析事件之间的各种关系和运算性质，这不仅有助于进一步认识事件的本质，而且还为计算事件的概率做了必要的准备．下面来讨论事件之间的一些关系和几个基本运算．

如果没有特别的说明，下面问题的讨论都假定是在同一样本空间 Ω 中进行的．

（1）事件的包含关系与等价关系

设 A, B 为两个事件，如果 A 中的每一个样本点都属于 B，那么称事件 B **包含**事件 A 或称事件 A 包含于事件 B，记作 $B \supset A$ 或 $A \subset B$. 图 5-1 表示 $A \subset B$.

对任何事件 A 都有 $\Omega \supset A \supset \varnothing$.

如果事件 B 包含事件 A，且事件 A 包含事件 B，即 $B \supset A$ 且 $A \supset B$，则称事件 A 与事件 B **相等**，记作 $A = B$.

(2) 事件的并与交

设 A,B 为两个事件，把至少属于 A 或 B 中一个的所有样本点构成的集合称作事件 A 与 B 的**并**，记作 $A\cup B$. 这就是说，事件 $A\cup B$ 表示在一次试验中，事件 A 与 B 至少有一个发生．图 5－2 中的阴影部分表示 $A\cup B$.

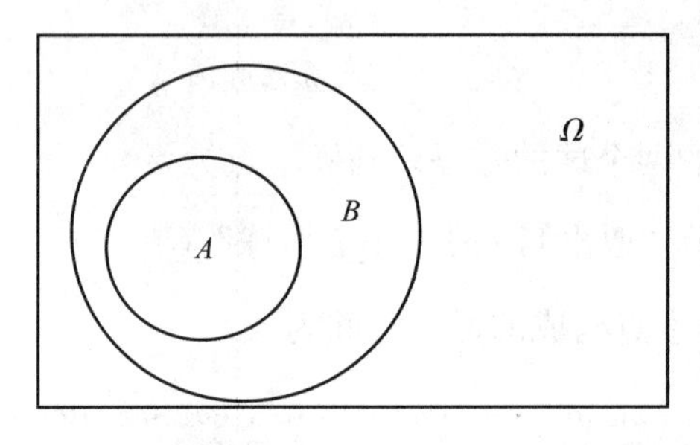

图 5－1

n 个事件 $A_1,A_2,\cdots,A_n$ 在一次试验中至少有一个事件发生称作事件 $A_1,A_2,\cdots,A_n$ 的并，记作 $A_1\cup A_2\cup\cdots\cup A_n$（简记为 $\bigcup\limits_{i=1}^{n}A_i$）．

设 A,B 为两个事件，把同时属于 A 及 B 的所有样本点构成的集合称作事件 A 与 B 的**交或积**，记作 $A\cap B$ 或 AB. 这就是说，事件 $A\cap B$ 表示在一次试验中，事件 A 与 B 同时发生．图 5－3 中的阴影部分表示 $A\cap B$.

n 个事件 $A_1,A_2,\cdots,A_n$ 在一次试验中同时发生称作事件 $A_1,A_2,\cdots,A_n$ 的交，记作 $A_1\cap A_2\cap\cdots\cap A_n$ 或 $A_1A_2\cdots A_n$（简记为 $\bigcap\limits_{i=1}^{n}A_i$）．

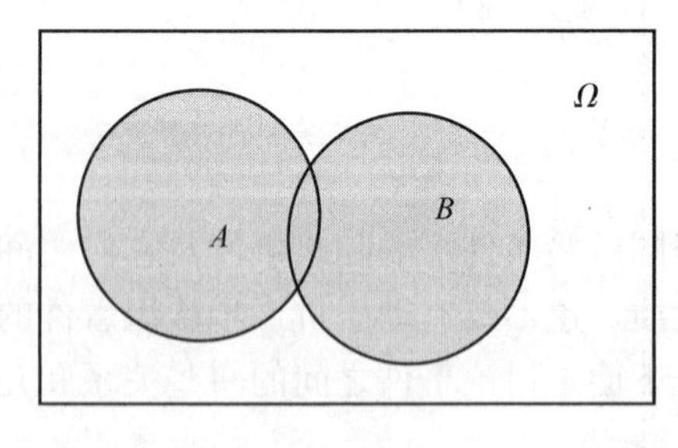

图 5－2

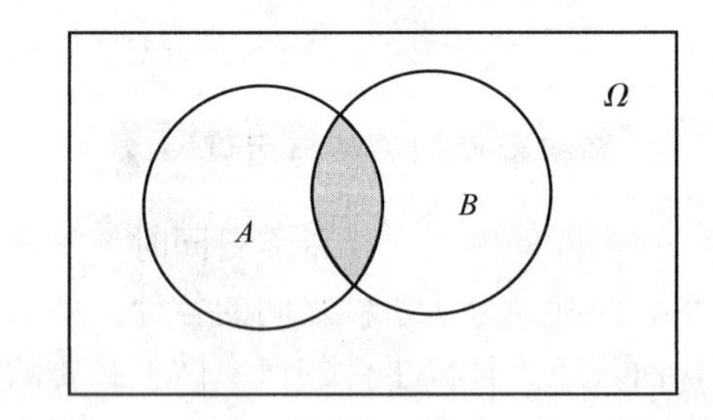

图 5－3

(3) 事件的互不相容（互斥）关系与事件的逆

设 A,B 为两个事件，如果 $AB=\varnothing$，那么称事件 A 与 B 是**互不相容**的（或**互斥**的）．这就是说，在一次试验中事件 A 与事件 B 不可能同时发生．图 5－4 表示 $AB=\varnothing$.

如果 n 个事件 $A_1,A_2,\cdots,A_n$ 中任意两个事件不可能同时发生，即 $A_iA_j=\varnothing$（$1\leqslant i<j\leqslant n$），则称这 n 个事件是互不相容的（或互斥的）．

对于事件 A，把不包含在 A 中的所有样本点构成的集合称为事件 A 的**逆**（或 A 的

对立事件）．这就是说，如果事件 A 与 B 是互不相容的，并且它们中必有一事件发生，即事件中有且仅有一事件发生，即 $AB=\varnothing$ 且 $A\cup B=\Omega$，则称事件 A 与 B 是对立的（或互逆的），称事件 B 是事件 A 的对立事件（或逆事件）；同样事件 A 也是事件 B 的对立事件（或逆事件），记作 $B=\overline{A}$ 或 $A=\overline{B}$，如图 5－5 所示．

对任意的事件 A，有 $\overline{\overline{A}}=A$，$A\overline{A}=\varnothing$，$A\cup\overline{A}=\Omega$.

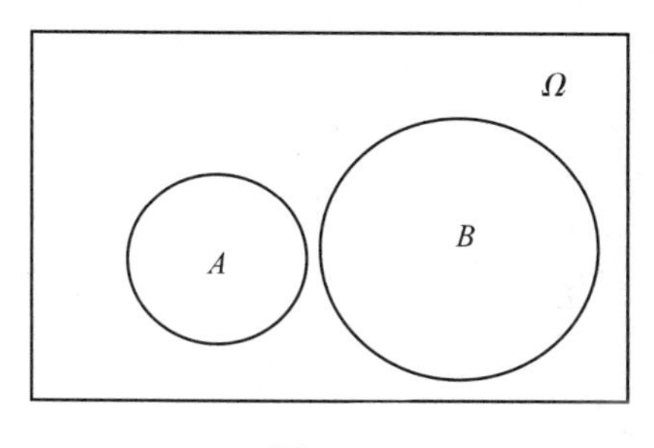

图 5－4

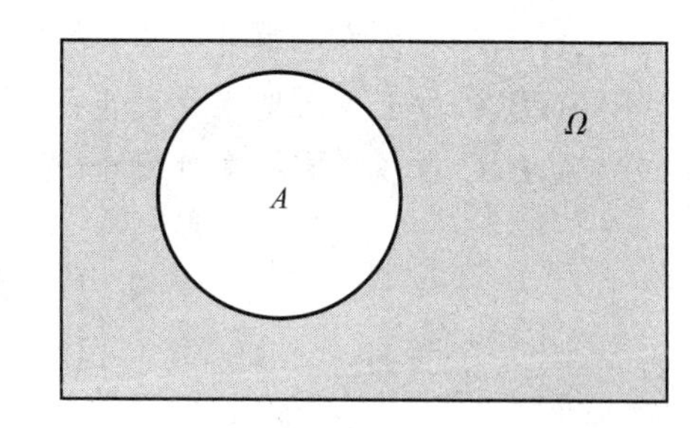

图 5－5

（4）完备事件组

如果 n 个事件 $A_1,A_2,\cdots,A_n$ 中至少有一个事件发生，即 $\bigcup\limits_{i=1}^{n}A_i=\Omega$，则称这 n 个事件构成完备事件组．

设 n 个事件 A_1，A_2，…，A_n，满足下面的关系式

$$\begin{cases} A_iA_j=\varnothing \quad (1\leqslant i<j\leqslant n) \\ \sum\limits_{i=1}^{n}A_i=\Omega \end{cases}$$

则称这 n 个事件构成互不相容的完备事件组．

显然，A 与 $\overline{A}$ 构成一个完备事件组；样本空间 Ω 中所有的基本事件构成互不相容的完备事件组．

根据上面的基本运算定义，不难验证事件之间的运算满足以下几个规律．

① 交换律：$A\cup B=B\cup A$，$AB=BA$

② 结合律：$(A\cup B)C=A\cup(B\cup C)$，$(AB)C=A(BC)$

③ 分配律：$A(B\cup C)=AB\cup AC$，$A\cup(BC)=(A\cup B)(A\cup C)$

④ 德摩根（De Morgen）定律：$\overline{A\cup B}=\overline{A}\,\overline{B}$，$\overline{AB}=\overline{A}\cup\overline{B}$

习题 5.1

设 A,B,C 表示三个随机事件，试将下列事件用 A,B,C 表示出来．

（1）仅 A 发生；

(2) A,B,C 都发生；

(3) A,B,C 都不发生；

(4) A,B,C 不都发生；

(5) A 不发生，且 B,C 中至少有一事件发生；

(6) A,B,C 中至少有一事件发生；

(7) A,B,C 中恰有一事件发生；

(8) A,B,C 中至少有两事件发生；

(9) A,B,C 中最多有一事件发生．

5.2 概　　率

5.2.1 概率的统计定义

1. 频率与概率

对于一般的随机事件来说，虽然在一次试验中是否发生不能预先知道，但是如果独立地多次重复进行这一试验就会发现，不同的事件发生的可能性是有大小之分的．这种可能性的大小是事件本身固有的一种属性，它是不以人们的意志为转移的．为了定量地描述随机事件的这种属性，首先介绍频率的概念．

定义 5-3 在一组不变的条件 S 下，独立重复 n 次试验 E．如果随机事件 A 在 n 次试验中发生了 μ 次，则比值 $\frac{\mu}{n}$ 叫做随机事件 A 的相对频率（简称频率），记作 $f_n(A)$．即

$$f_n(A)=\frac{\mu}{n}$$

其中 μ 称为频数．

例如，在抛一枚硬币时规定条件组 S 为：硬币是匀称的，放在手心上，用一定的动作垂直上抛，让硬币落在一个有弹性的平面上．当条件组 S 大量重复实现时，事件 $A=\{$出现正面$\}$ 发生的次数 μ 能够体现出一定的规律性．例如进行 50 次试验出现了 24 次正面．这时

$$n=50,\mu=24,f_{50}(A)=\frac{24}{50}=0.48$$

一般来说，随着试验次数的增加，事件 A 出现的次数 μ 约占总试验次数的一半，换而言之，事件 A 的频率接近于 $\frac{1}{2}$.

历史上，不少统计学家，如皮尔逊等人做过成千上万次抛掷硬币的试验，其试验记录如表 5－1 所示.

表 5－1

试 验 者	抛掷次数 n	事件 A 出现的次数 μ	$f_n(A)$
德摩根（De Morgen）	2 048	1 061	0.518
布丰（Duffon）	4 040	2 048	0.506 9
皮尔逊（Pearson）	12 000	6 019	0.501 6
皮尔逊（Pearson）	24 000	12 012	0.500 5

从表 5－1 可以看出，随着试验次数的增加，事件 A 发生的频率的波动性越来越小，呈现出一种稳定状态，即频率在 0.5 这个定值附近摆动，这就是频率的稳定性，这是随机现象的一个客观规律.

可以证明，当试验次数 n 固定时，事件 A 的频率 $f_n(A)$ 具有下面几个性质.

① $0 \leqslant f_n(A) \leqslant 1$;

② $f_n(\Omega) = 1, f_n(\varnothing) = 0$;

③ 若 $AB=\varnothing$，则

$$f_n(A+B) = f_n(A) + f_n(B)$$

2. 概率的统计定义

定义 5－4　当试验次数 n 很大时，频率 $f_n(A)$ 常在一个确定的数 p（$0<p<1$）的附近摆动，这个刻画随机事件在试验中发生的可能性大小的数 p 叫做随机事件 A 的概率.

概率的统计定义实际上给出了一个近似计算随机事件概率的方法，把多次重复试验中随机事件 A 的频率 $f_n(A)$ 作为随机事件 A 的概率 $P(A)$ 的近似值，即

$$P(A) \approx f_n(A) = \frac{\mu}{n}$$

必然事件的概率等于 1，即 $P(\Omega)=1$；不可能事件的概率等于 0，即 $P(\varnothing)=0$；任何事件 A 的概率满足不等式，即 $0 \leqslant P(A) \leqslant 1$.

随机事件的概率是完全客观存在的，反映了大量现象中的某种客观属性，所以就个别现象而言，概率是没有任何现实意义的.

5.2.2 概率的古典定义

仅在比较特殊的情况下才可以直接计算随机事件的概率，这种计算是以下述概率的古典定义为基础的．

1. 古典概型

在学习概率的古典定义以前，先来介绍一下事件的等可能性，那么什么是事件的等可能性呢？如果试验时，由于某种对称性条件，使得若干个随机事件中每一事件发生的可能性在客观上是完全相同的，则称这些事件是等可能的．例如，任意抛掷一枚硬币，“国徽向上”与“字向上”这两个事件发生的可能性在客观上是相同的，也就是等可能的；又如，抽样检查产品质量时，一批产品中每一个产品被抽到的可能性在客观上是相同的，因而抽到任一产品是等可能的．

设 Ω 为随机试验 E 的样本空间，若满足下列条件：

①Ω 只含有限个样本点；

②每个基本事件出现的可能性相等；

则称随机试验 E 为**古典概型**．

2. 概率的古典定义

定义 5－5 设随机试验 E 的样本空间 Ω 共有 N 个等可能的基本事件，其中有且仅有 M 个基本事件是包含于随机事件 A 的，则随机事件 A 所包含的基本事件数 M 与基本事件的总数 N 的比值叫做随机事件 A 的**概率**，记作

$$P(A)=\frac{M}{N}=\frac{\text{事件 }A\text{ 包含的基本事件数 }M}{\text{基本事件总数 }N} \tag{5-1}$$

所谓古典概型，就是利用关系式（5－1）来讨论事件发生的概率的数学模型．注意，概率的古典定义与概率的统计定义是一致的．在古典型随机试验中，事件的频率是围绕着定义中 $\frac{M}{N}$ 这一数值摆动的．概率的统计定义具有普遍性，它适用于一切随机现象；而概率的古典定义只适用于试验结果为等可能的有限个的情况，其优点是便于计算．

根据概率的古典定义可以计算古典概型随机试验中事件的概率．在古典概型中确定事件 A 的概率时，只需求出基本事件的总数 N 及事件 A 包含的基本事件的个数 M. 为此弄清随机试验的全部基本事件是什么及所讨论的事件 A 包含了哪些基本事件是非常重要的．

【例 5－5】 从 0，1，2，…，9 十个数字中任取一个数字，求取得奇数数字的概率．

解 基本事件的总数 $N=10$. 设事件 A 表示取得奇数数字，则它所包含的基本事

件数 $M=5$. 因此，所求的概率为

$$P(A)=\frac{5}{10}=0.5$$

【例 5-6】 袋内有三个白球与两个黑球，从其中任取两个球，求取得的两个球都是白球的概率．

解 基本事件的总数 $N=C_5^2=10$. 设事件 A 表示取出的两个球都是白球，则它所包含的基本事件数 $M=C_3^2=3$. 因此，所求的概率为

$$P(A)=\frac{C_3^2}{C_5^2}=\frac{3}{10}=0.3$$

【例 5-7】 在一批 N 个产品中有 M 个次品，从这批产品中任取 $n(n\leqslant m)$ 个产品，求其中恰有 m 个次品的概率．

解 基本事件的总数为 C_N^n. 设事件 A 表示取出的 n 个产品中恰有 m 个次品，则它所包含的基本事件数为 $C_M^m\cdot C_{N-M}^{n-m}$. 因此，所求的概率为

$$P(A)=\frac{C_M^m C_{N-M}^{n-m}}{C_N^n}$$

【例 5-8】 袋内有 a 个白球与 b 个黑球，每次从袋中任取一个球，取出的球不再放回去，接连取 k 个球（$k\leqslant a+b$），求第 k 次取得白球的概率．

解 由于考虑到取球的顺序，这相当于从 $a+b$ 个球中任取 k 个球的排列，所以基本事件的总数为

$$A_{a+b}^k=(a+b)(a+b-1)\cdots(a+b-k+1)$$

设事件 B_k 表示第 k 次取得白球，则因为第 k 次取得的白球可以是 a 个白球中的任一个，有 a 种取法：其余 $k-1$ 个球可在前 $k-1$ 次中顺次地从 $a+b-1$ 个球中任意取出，有 A_{a+b-1}^{k-1} 种取法．所以，事件 B_k 所包含的基本事件数为

$$A_{a+b-1}^{k-1}\cdot a=(a+b-1)(a+b-2)\cdots(a+b-k+1)a$$

因此，所求的概率为

$$P(B_k)=\frac{(a+b-1)\cdots(a+b-k+1)a}{(a+b)(a+b-1)\cdots(a+b-k+1)}=\frac{a}{a+b}$$

值得注意的是，这个结果与 k 的值无关．这表明无论哪一次取得白球的概率都是一样的，或者说，取得白球的概率与先后次序无关．

5.2.3 概率的基本性质

下面给出概率的一些重要性质及应用．

性质 1　不可能事件的概率为零，即

$$P(\varnothing)=0$$

性质 2（有限可加性）　设 $A_1,A_2,\cdots,A_n$ 两两互斥，则

$$P\left(\bigcup_{i=1}^{n}A_i\right)=\sum_{i=1}^{n}P(A_i)$$

性质 3　设 $\overline{A}$ 为 A 的对立事件，则

$$P(\overline{A})=1-P(A)$$

性质 4（加法定理）　对试验 E 中任意两个事件 A 与 B，均有

$$P(A\cup B)=P(A)+P(B)-P(AB)$$

推广　$P(A\cup B\cup C)=P(A)+P(B)+P(C)-P(AB)-P(AC)-P(BC)+P(ABC)$

性质 5（单调性）　若事件 A 与 B，有 $B\supset A$，则

$$P(B)\geqslant P(A)$$

性质 6（可减性）　若事件 A 与 B，有 $B\supset A$，则

$$P(B-A)=P(B)-P(A)$$

【例 5-9】　某企业生产的电子产品，分一等品、二等品与废品三种，如果生产一等品的概率为 0.8，二等品的概率为 0.19，问生产合格品的概率是多少？

解　设 $A=$｛生产的是一等品｝，$B=$｛生产的是二等品｝，用 $A\cup B$ 表示“生产的是合格品”，这样由性质 2，生产合格品的概率为

$$P(A\cup B)=P(A)+P(B)=0.8+0.19=0.99$$

【例 5-10】　在所有的两位数 10～99 中任取一个数，求这个数能被 2 或 3 整除的概率．

解　设事件 A 表示取出的两位数能被 2 整除，事件 B 表示取出的两位数能被 3 整除，则事件 $A\cup B$ 表示取出的两位数能被 2 或 3 整除；又事件 AB 表示取出的两位数能同时被 2 与 3 整除，即能被 6 整除．因为所有的 90 个两位数中，能被 2 整除的有 45 个，能被 3 整除的有 30 个，而能被 6 整除的有 15 个，所以有

$$P(A)=\frac{45}{90},P(B)=\frac{30}{90},P(AB)=\frac{15}{90}$$

$$P(A\cup B)=\frac{45}{90}+\frac{30}{90}-\frac{15}{90}\approx 0.667$$

【例5-11】 一批产品共由50个，45个是合格品，5个是次品，从这批产品中任取3个，求其中有次品的概率.

解 方法一：取出的3个产品中有次品这一事件A可看作三个互不相容事件的并，即

$$A = A_1 \cup A_2 \cup A_3$$

其中事件A_i是取出三个产品中恰有i个次品（$i=1,2,3$），则

$$P(A_1) = \frac{C_5^1 C_{45}^2}{C_{50}^3} \approx 0.2526$$

$$P(A_2) = \frac{C_5^2 C_{45}^1}{C_{50}^3} \approx 0.0230$$

$$P(A_3) = \frac{C_5^3}{C_{50}^3} \approx 0.0005$$

根据互不相容事件概率的加法定理，得

$$P(A) = P(A_1) + P(A_2) + P(A_3) \approx 0.276$$

方法二： 与事件A对立的事件$\overline{A}$就是取出的3个产品全是合格品，则

$$P(\overline{A}) = \frac{C_{45}^3}{C_{50}^3} \approx 0.724$$

$$P(A) = 1 - P(\overline{A}) \approx 0.276$$

习题5.2

1. 若A与B互不相容，则以下式子总能成立的是（ ）.

A. $P(A \cup B) = P(A) + P(B)$　　B. $P(AB) = 1$

C. $P(AB) = P(A)P(B)$　　D. $P(A \cup B) = 0$

2. n个同学随机地坐成一排，其中甲、乙坐在一起的概率为（ ）.

A. $\frac{1}{n}$　　B. $\frac{2}{n}$

C. $\frac{1}{n-1}$　　D. $\frac{2}{n-1}$

3. 若$P(A) > 0, P(B) > 0$，将下列四个数

$$P(A), P(AB), P(A \cup B), P(A) + P(B)$$

按从小到大的顺序排列，并指出在什么情况下有可能等式成立?

4. 若$P(A)=0.7$，$P(B)=0.6$，$P(A \cup B)=0.9$，则$P(\overline{AB})$为多少?

5. 设 A,B,C 是三个随机事件，且 $P(A)=P(B)=P(C)=\frac{1}{4}$，$P(AC)=\frac{1}{8}$，$P(AB)=P(CB)=0$，求 A,B,C 至少有一个发生的概率.

5.3 乘法公式和随机事件的独立性

5.3.1 概率的乘法公式

1. 条件概率

定义 5-6 如果在事件 B 已经发生的条件下，考虑事件 A 的概率，则这种概率叫做事件 A 在事件 B 已发生的条件下的条件概率，记作 $P(A \mid B)$.

例如两台车床加工同一种机械零件，具体情况如表 5-2 所示.

表 5-2

	合格品数	次品数	总计
第一台车床加工的零件数	35	5	40
第二台车床加工的零件数	50	10	60
总计	85	15	100

从 100 个零件中任取一个零件，则取得合格品（设为事件 A）的概率

$$P(A)=\frac{85}{100}=0.85$$

已知取出的零件是第一台车床加工的（设为事件 B），则条件概率

$$P(A \mid B)=\frac{35}{40}=0.875$$

已知取出的零件是第二台车床加工的（设为事件 $\bar{B}$），则条件概率

$$P(A \mid \bar{B})=\frac{50}{60}\approx 0.833$$

定理 5-1 设事件 B 的概率 $P(B)>0$，则在事件 B 已发生的条件下事件 A 的条件概率等于事件 AB 的概率除以事件 B 的概率所得的商，即

$$P(A \mid B)=\frac{P(AB)}{P(B)}$$

同理，设事件 A 的概率 $P(A)>0$，则在事件 A 已发生的条件下事件 B 的条件概率

$$P(B|A)=\frac{P(AB)}{P(A)}$$

2. 概率的乘法定理

定理 5-2　事件的交的概率等于其中一事件的概率与另一事件在前一事件已发生的条件下的条件概率的乘积

$$P(AB)=P(A)P(B\mid A)\quad (P(A)>0)$$

同理有

$$P(AB)=P(B)P(A\mid B)\quad (P(B)>0)$$

定理 5-3　有限个事件的交的概率等于这些事件的概率的乘积，其中每一事件的概率是它前面的一切事件都已发生的条件下的条件概率，即

$$P(A_1A_2\cdots A_n)=P(A_1)P(A_2\mid A_1)P(A_3\mid A_1A_2)\cdots P(A_n\mid A_1A_2\cdots A_{n-1})$$

【例 5-12】　一批零件共100个，次品率为10%，每次从其中任取一个零件，取出的零件不再放回去，求第3次才取得合格品的概率.

解　设事件 A_i 表示第 i 次取得合格品（$i=1,2,3$），即 $\overline{A}_1\overline{A}_2A_3$，则

$$P(\overline{A}_1)=\frac{10}{100},P(\overline{A}_2|\overline{A}_1)=\frac{9}{99},P(A_3|\overline{A}_1\overline{A}_2)=\frac{90}{98}$$

由此得到所求的概率

$$P(\overline{A}_1\overline{A}_2A_3)=P(\overline{A}_1)P(\overline{A}_2|\overline{A}_1)P(A_3|\overline{A}_1\overline{A}_2)=\frac{10}{100}\cdot\frac{9}{99}\cdot\frac{90}{98}\approx 0.008\ 3$$

5.3.2　全概率公式

定义 5-7　如果事件组 $A_1A_2\cdots A_n$ 为不相容的完备事件组，则对任一事件 B，有

$$P(B)=\sum_{i=1}^{n}P(A_i)P(B|A_i)$$

叫做全概率公式，事件 $A_1,A_2,\cdots,A_n$ 叫做关于事件 B 的假设.

【例 5-13】 有 10 个袋子，各袋子中装球的情况如下：

（1）2 个袋子中各装有 2 个白球与 4 个黑球；

（2）3 个袋子中各装有 3 个白球与 3 个黑球；

（3）5 个袋子中各装有 4 个白球与 2 个黑球．

任取一个袋子，并从中任取 2 个球，求取出的 2 个球都是白球的概率．

解 设事件 A 表示取出的 2 个球都是白球，事件 B_i 表示所取袋子中装球的情况属于第 i 种（$i=1,2,3$），则

$$P(B_1)=\frac{2}{10},P(A|B_1)=\frac{C_2^2}{C_6^2}=\frac{1}{15}$$

$$P(B_2)=\frac{3}{10},P(A|B_2)=\frac{C_3^2}{C_6^2}=\frac{3}{15}$$

$$P(B_3)=\frac{5}{10},P(A|B_3)=\frac{C_4^2}{C_6^2}=\frac{6}{15}$$

于是，按全概率公式得

$$P(A)=\frac{2}{10}\cdot\frac{1}{15}+\frac{3}{10}\cdot\frac{3}{15}+\frac{5}{10}\cdot\frac{6}{15}\approx 0.273$$

5.3.3 随机事件的独立性

定义 5-8 如果事件 B 的发生不影响事件 A 的概率，即 $P(A|B)=P(A)$，则称事件 A 对事件 B 是独立的，否则称为是不独立的．

【例 5-14】 袋中有 5 个白球和 3 个黑球，从袋中陆续取出两个球，假定

（1）第一次取出的球仍放回去；

（2）第一次取出的球不再放回去．

判定第一次取出白球与第二次取出白球是否独立？

解 设事件 A 表示第二次取出的球是白球；事件 B 表示第一次取出的球是白球．在情形（1）中，$P(A|B)=P(A)=\frac{5}{8}$，所以事件 A 对 B 是独立的．在情形（2）中，$P(A|B)=\frac{4}{7}$，$P(A)=\frac{5}{8}$，所以事件 A 对事件 B 是不独立的．

我们指出，如果事件 A 对事件 B 是独立的，则事件 B 对事件 A 也是独立的．进一步得出以下的结论，在 A 与 B、$\overline{A}$ 与 B，A 与 $\overline{B}$，$\overline{A}$ 与 $\overline{B}$ 这四对事件中，若有一对独立，则另外三对也相互独立．

定理 5-4（概率乘法定理） 两个独立事件的积的概率等于这两个事件的概率的乘积，即

$$P(AB)=P(A)P(B)$$

证明 $P(AB)=P(A)P(B|A)=P(A)P(B)$

推论 有限个独立事件的积的概率等于这些事件的概率的乘积，即

$$P(A_1A_2\cdots A_n)=P(A_1)P(A_2)\cdots P(A_n)$$

【例 5-15】 一批产品共有 N 个，其中有 M 个次品，从这批产品中任意抽取一个来检查，记录其等级后，仍放回去，连续抽取 n 次，求 n 次都取得是合格品的概率．

解 设事件 A_i 是第 i 次抽查时取得的是合格品（$i=1,2,\cdots,n$），则事件 $A_1,A_2,\cdots,A_n$ 是独立的，且

$$P(A_i)=\frac{N-M}{N}(i=1,2,\cdots,n)$$

则

$$P(A_1A_2\cdots A_n)=\frac{N-M}{N}\cdot\frac{N-M}{N}\cdot\cdots\cdot\frac{N-M}{N}=\left(\frac{N-M}{N}\right)^n$$

【例 5-16】 加工某一零件共需经过三道工序，设第一、二、三道工序的次品率分别是 2%，3%，5%. 假定各道工序是互不影响的，问加工出来的零件的次品率是多少？

解 方法一：设事件 A_i 是第 i 道工序出现次品（$i=1,2,3$），因为加工出来的零件是次品（设为事件 A），也就是至少有一道工序出现次品，则

$$A=A_1\cup A_2\cup A_3$$
$$P(A_1)=0.02,P(A_2)=0.03,P(A_3)=0.05$$

因为各道工序是互不影响的，所以事件 A_1,A_2,A_3 是相互独立的，则

$$P(A_1A_2)=0.02\times0.03=0.000\,6$$
$$P(A_1A_3)=0.02\times0.05=0.001\,0$$
$$P(A_2A_3)=0.03\times0.05=0.001\,5$$
$$P(A_1A_2A_3)=0.02\times0.03\times0.05=0.000\,03$$

因此，所求的概率

$$\begin{aligned}P(A)&=P(A_1\cup A_2\cup A_3)\\&=P(A_1)+P(A_2)+P(A_3)-P(A_1A_2)-P(A_1A_3)-P(A_2A_3)+P(A_1A_2A_3)\\&=0.096\,93\end{aligned}$$

方法二：A 的对立事件$\overline{A}$（加工出来的零件是合格品）的概率

$$\overline{A}=\overline{A_1\cup A_2\cup A_3}=\overline{A}_1\overline{A}_2\overline{A}_3$$

$$P(\overline{A}_1)=1-0.02=0.98,P(\overline{A}_2)=1-0.03=0.97,P(\overline{A}_3)=1-0.05=0.95$$

$$P(A)=1-P(\overline{A})=1-0.98\times0.97\times0.95=0.096\ 93$$

5.3.4 二项分布

进行一系列试验，在每次试验中，事件 A 或者发生或者不发生．假设每次试验的结果与其他各次试验的结果无关，事件 A 的概率 $P(A)$ 在整个系列试验中保持不变，这样的一系列试验叫做**独立试验序列**．例如，前面提到的重复抽样就是独立试验序列．

独立试验序列是贝努利首先研究的．假设每次试验只有两个互相独立的结果 A 与 $\overline{A}$，并设

$$P(A)=p,P(\overline{A})=q,p+q=1$$

在这种情形下，有下面的定理成立．

定理 5-5 如果在独立试验序列中事件 A 的概率为 $p(0<p<1)$，则在 n 次试验中事件 A 恰发生 m 次的概率

$$P_n(m)=C_n^m p^m q^{n-m}=\frac{n!}{m!(n-m)!}p^m q^{n-m}$$

我们指出，由于 n 次试验所有可能的结果就是事件 A 发生 $0,1,2,\cdots,n$ 次，而这些结果是互不相容的，所以显然有

$$\sum_{m=0}^{n}P_n(m)=1$$

因为概率 $P_n(m)$ 就等于二项式 $(px+q)^n$ 的展开式中 x^m 的系数，所以把概率 $P_n(m)$ 的分布叫做二项分布．

【例 5-17】 某批产品中有 20%的次品，进行重复抽样检查，共取 5 个样品，求其中次品数等于 0，1，2，3，4，5 的概率．

解 设 A 为次品数，则 $n=5$，$p=0.2$，$q=0.8$，故

$$P_5(0)=0.8^5\approx0.3277$$

$$P_5(1)=C_5^1\times0.2\times0.8^4\approx0.409\ 6$$

$$P_5(2)=C_5^2\times0.2^2\times0.8^3\approx0.204\ 8$$

$$P_5(3)=C_5^3\times0.2^3\times0.8^2\approx0.051\ 2$$

$$P_5(4)=C_5^4\times 0.2^4\times 0.8^1\approx 0.006\ 4$$
$$P_5(5)=0.2^5\approx 0.000\ 3$$

【例 5-18】 电灯泡使用时数在 1 000 h 以上的概率为 0.2，求三个灯泡在使用 1 000 h 以后最多只有一个坏了的概率 .

解 设事件 A 表示灯泡在使用 1 000 h 以后还是好的，由条件知

$$P(A)=0.2, P(\overline{A})=0.8$$

设事件 B_i 表示三个灯泡使用 1 000 h 以后恰有 i 个坏了（$i=0,1,2,3$），则"三个灯泡使用 1 000 h 以后最多只有一个坏了"这一事件可以表示为 $B_0\cup B_1$，按二项概型公式得

$$P(B_0)=C_3^0(0.8)^0(0.2)^3=0.00\ 8$$
$$P(B_1)=C_3^1(0.8)^1(0.2)^2=0.096$$
$$P(B_0\cup B_1)=P(B_0)+P(B_1)=0.008+0.096=0.104$$

【例 5-19】 已知每枚地对空导弹击中来犯敌机的概率为 0.96，问需要发射多少枚导弹才能保证至少有一枚导弹击中敌机的概率大于 0.999?

解 设需要发射 n 枚导弹，A 为击中，则 $p=0.96$，$q=0.04$，故

$$P(m\geqslant 1)=1-(1-0.96)^n>0.999$$
$$0.04^n<0.001$$
$$n>\frac{\lg 0.001}{\lg 0.04}\approx 2.15$$

即 $n=3$ 时，才能保证至少有一枚导弹击中敌机的概率大于 0.999.

习题 5.3

1. 若 $P(A)=0.7$，$P(B)=0.6$，$P(B|\overline{A})=0.4$，则 $P(A\cup B)$ 为多少?

2. 一口袋中有两个白球、三个黑球，从中依次取出两个球，试求取出的两个球都是白球的概率 .

3. 甲乙二人同时向一架敌机射击，已知甲击中敌机的概率为 0.6，乙击中敌机的概率为 0.5，求敌机被击中的概率 .

4. 电路由电池 a 与两个并联的电池 b 及 c 串联而成，设电池 a,b,c 损坏的概率分别是 0.3，0.2，0.2，求电路发生间断的概率 .

5. 两台车床加工相同的零件，第一台出现废品的概率是 0.03，第二台出现废品的概率是 0.02，加工出来的零件放在一起，并且已知第一台加工的零件比第二台加工的零件多一倍，求任意取出的零件是合格品的概率 .

6. 一个盒子中有 $n(n>1)$ 只晶体管，其中有一只是次品，随机地取一只测试，直

到找到次品为止，求在第 $k(1\leqslant k\leqslant n)$ 次测试出次品的概率．

7. 有三个形状相同的箱子，在第一个箱子中有两个正品、一个次品；在第二个箱子中有三个正品、一个次品；在第三个箱子中有两个正品、两个次品．现从任何一个箱子中任取一件产品，问取到正品的概率是多少？

5.4 随机变量及其分布

前面介绍了随机现象与随机事件的概念，讨论了随机事件的概率．为了全面地研究随机试验的结果，揭示随机现象的统计规律性，更好地分析和解决各种与随机现象有关的实际问题，有必要把随机试验的结果数量化，引入随机变量的概念．

5.4.1 随机变量的概念

随机变量是概率论的一个重要内容，这是因为对于一个随机试验，我们所关心的往往是与所研究的问题有关的某个或某些量，而随机变量就是在试验的结果中能取得不同数值的量，它的数值是随试验的结果而定的．由于试验的结果是随机的，所以它的取值具有随机性，而这些量就是随机变量．也可以说，随机事件是从静态的观点来研究随机现象，而随机变量则是一种动态的观点．

一般地，随机变量的定义如下．

如果对于试验的样本空间中的每一个样本点 ω，变量 X 都有一个确定的实数值与之对应，则变量 X 是样本点 ω 的实函数，记作 $X=X(\omega)$，称这样的变量 X 为**随机变量**．随机变量是一种实值单值函数．

随机变量通常用英文大写字母 $X,Y,Z,\cdots$ 来表示．

【例 5－20】 任意抛掷一枚硬币，它有两个可能的结果：$\omega_1=$｛出现正面｝；$\omega_2=$｛出现反面｝．将试验的每一个结果用一个实数 X 来表示，例如，用“1”表示 ω_1，用“0”表示 ω_2．这样讨论试验结果时，就可以简单说成结果是数 1 或数 0．建立这种数量化的关系，实际上就相当于引入了一个变量 X，对于试验的两个结果 ω_1 和 ω_2，将 X 的值分别规定为 1 和 0，即

$$X=X(\omega)=\begin{cases}0, & \omega=\omega_2\\ 1, & \omega=\omega_1\end{cases}$$

这个随机变量 X 实际上就是表示在抛掷硬币的一次试验中正面向上的次数．可见这是样本空间 $\Omega=\{\omega_1,\omega_2\}$ 与实数子集 $\{1,0\}$ 之间的一种对应关系．

【例 5－21】 观察放射性物质在一段时间内放射的粒子数，设为随机变量 Y，则样本空间为

$$\Omega_3=\{\omega_0,\omega_1,\omega_2,\cdots\}$$

则有

$$Y=i,\omega=\omega_i(i=0,1,2,\cdots)$$

【例 5－22】　测量车床加工的零件的直径，设为随机变量 Z，则样本空间为

$$\Omega_4=\{\omega_x \mid a\leqslant x\leqslant b\}$$

则有

$$Z=x,\omega=\omega_x(a\leqslant x\leqslant b)$$

我们指出，在试验的结果中，随机变量取得某一数值 x，记作 $X=x$，是一个随机事件；同样，随机变量 X 取得不大于实数 x 的值，记作 $X\leqslant x$，随机变量 X 取得区间 (x_1,x_2)，记作 $x_1<X<x_2$，也都是随机事件．

按照随机变量可能取得的值，可以分为离散型随机变量和连续型随机变量两种类型．

如果随机变量的全部可能取到的值可以排列成一个有限或可数无限的数列，且它取每一个可能值均有确定的概率，则这种随机变量称为离散型随机变量．例如，一批产品中的次品数；电话用户在某一段时间内对电话站的呼唤次数等．

如果随机变量 X 可以取得某个区间（有限或无限）内的任何实数值，并且取得任一可能值 x_0 的概率等于零，则称 X 为连续型随机变量．例如，车床加工的零件尺寸与规定尺寸的偏差、射击时击中点与目标中心的偏差等．

5.4.2　离散型随机变量

1. 离散型随机变量

首先研究随机变量的概率分布．

定义 5－9　设离散型随机变量 X 取得的一切可能值为 $x_1,x_2,\cdots,x_n,\cdots$，且取得这些值的概率分别为 $P(x_1),P(x_2),\cdots,P(x_n),\cdots$，则称 X 为离散型随机变量，把函数

$$P(x_i)=P(X=x_i)$$

称为离散型随机变量 X 的概率函数（或 X 的分布律或概率分布）．

可以列出概率分布表如下．

X	x_1	x_2	$\cdots$	x_n	$\cdots$
$P(x_i)$	$P(x_1)$	$P(x_2)$	$\cdots$	$P(x_n)$	$\cdots$

概率函数 $P(x_i)$ 具有下列性质．

① 概率函数是非负函数，即

$$P(x_i) \geqslant 0 \quad (i = 1,2,\cdots,n,\cdots)$$

② 如果随机变量 X 可能取得可数无穷多个值，则

$$\sum_{i=1}^{\infty} P(x_i) = 1$$

即级数 $\sum\limits_{i=1}^{\infty} P(x_i) = 1$ 是收敛的，且它的和等于 1.

例如上述例 5-20 中抛掷一枚硬币的试验，它有两个可能的结果：$\omega_1 =$ {出现正面}；$\omega_2 =$ {出现反面}．将试验的每一个结果用一个实数 X 来表示，用“1”表示 ω_1，用“0”表示 ω_2，即

$$X = X(\omega) = \begin{cases} 0, & \omega = \omega_2 \\ 1, & \omega = \omega_1 \end{cases}$$

这是一个离散型的随机变量，随机变量 X 的概率分布为

$$P\{X = 1\} = p = \frac{1}{2}, P\{X = 0\} = 1 - p = \frac{1}{2}$$

相应地写成表格形式为

X	1	0
$P\{X = k\}$	$\frac{1}{2}$	$\frac{1}{2}$

2. 几个常用的离散型随机变量

（1）两点分布

定义 5-10 若离散型随机变量 X 的概率函数为

$$p(x) = p^x q^{1-x}$$

其中 $x = 0,1, 0 < p < 1, p + q = 1$，则称 X 服从参数为 p 的两点分布．

（2）二项分布

定义 5-11 若离散型随机变量 X 的概率函数为

$$P(X = k) = \mathrm{C}_n^k p^k q^{n-k}$$

其中 $k=0,1,\cdots,n,0<p<1,p+q=1$，则称 X 服从参数为 n,p 的二项分布，记为 $X\sim\mathbb{B}(n,p)$.

（3）泊松分布

定义 5-12 若离散型随机变量 X 的概率函数为

$$P(x)=\frac{\lambda^x}{x!}\mathrm{e}^{-\lambda}$$

其中 $x=0,1,2,\cdots,\lambda>0$ 为常数，则称 X 服从参数为 λ 的泊松分布.

5.4.3 连续型随机变量

我们知道，连续型随机变量在试验的结果中可以取得某一区间内的任何数值，但当描述连续型随机变量 X 的分布时，不能把 X 的一切可能值排列起来，因为这些数值构成不可数的无穷集合．设 x_0 是连续型随机变量 X 的任一可能值，与离散型随机变量的情形一样，事件 $X=x_0$ 是试验的基本事件，但是我们认为事件 $X=x_0$ 的概率等于零，虽然它绝不是不可能事件，也就是说，连续型随机变量 X 取得它的任一可能值 x_0 的概率等于零，即 $P(X=x_0)=0$，我们把它理解为连续型随机变量固有的特性．

例如，测量某一零件的尺寸时，只能说测得零件尺寸与规定尺寸的偏差为+0.050 001 mm的概率等于零．因为区别零件尺寸与规定尺寸的偏差是+0.05 mm还是+0.050 001 mm未必有任何现实意义．因此，只有确知 X 取值于任一区间上的概率，才能掌握它取值的概率分布．

1. 连续型随机变量

定义 5-13 对于随机变量 X，如果存在非负可积函数 $f(x)(-\infty<x<+\infty)$，使得 X 取值于任一区间 (a,b) 的概率为

$$P\{a<X<b\}=\int_a^b f(x)\mathrm{d}x$$

则称 X 为连续型随机变量，并称 $f(x)$ 为 X 的概率密度函数．

由定积分的几何意义可知，$P\{a<X<b\}$ 从数值上刚好是由曲线 $y=f(x)$ 与 $x=a$，$x=b$ 及横轴所围成的面积．

分布密度 $f(x)$ 有下列性质：

① $f(x)\geqslant 0, -\infty<x<+\infty$;

② $\int_{-\infty}^{+\infty} f(x)\mathrm{d}x = P\{-\infty<X<+\infty\} = P(\Omega)=1.$

2. 几个常用的连续型随机变量

(1) 均匀分布

定义 5-14 连续型随机变量 X 的概率密度函数为

$$f(x)=\begin{cases}\dfrac{1}{b-a}, a\leqslant x\leqslant b,\\ 0, \quad 其他\end{cases}$$

则称 X 服从区间 $[a,b]$ 上的均匀分布.

(2) 指数分布

定义 5-15 设连续型随机变量 X 的概率密度函数为

$$f(x)=\begin{cases}\lambda e^{-\lambda x}, & x>0\\ 0, & x\leqslant 0\end{cases}$$

其中 $\lambda>0$ 为参数，这种分布叫做指数分布.

(3) 正态分布

定义 5-16 设连续型随机变量 X 的概率密度函数为

$$p(x)=\frac{1}{\sqrt{2\pi}\sigma}e^{-\frac{(x-\mu)^2}{2\sigma^2}}, -\infty<x<+\infty$$

其中 μ 及 σ 为常数，$\sigma>0$. 这种分布叫正做正态分布（或高斯分布），记作 $N(\mu,\sigma^2)$. 如果 X 服从正态分布 $N(\mu,\sigma^2)$，记作 $X\sim N(\mu,\sigma^2)$. 特别地，当 $\mu=0$，$\sigma=1$ 时，得到正态分布 $N(0,1)$，叫做标准正态分布，概率密度函数记作

$$\varphi(x)=\frac{1}{\sqrt{2\pi}}e^{-\frac{x^2}{2}}, -\infty<x<+\infty.$$

正态分布的分布曲线如图 5-6 所示，正态分布的密度函数 $p(x)$ 的图形呈钟形，分布曲线对称于 $x=\mu$（为偶函数）；在 $x=\mu$ 处达到极大值，等于 $\frac{1}{\sqrt{2\pi}\sigma}$（一阶导数）；在 $x=\mu\pm\sigma$ 处有拐点（二阶导数）；当 $x\to\infty$ 时，曲线以 x 轴为其渐近线.

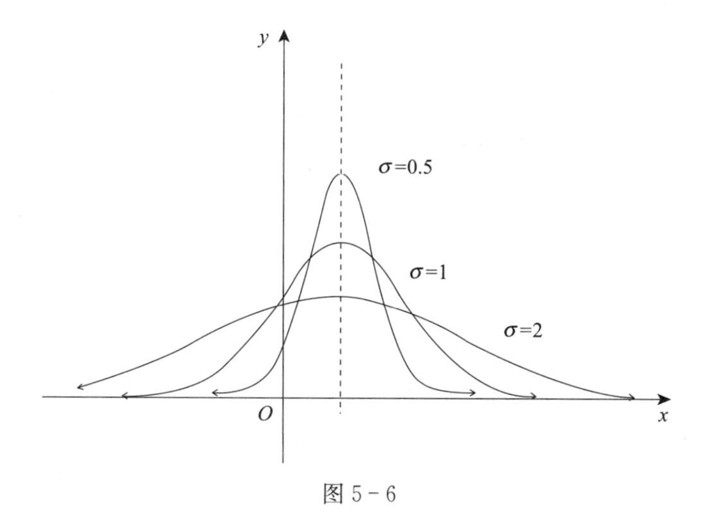

图 5-6

5.4.4 随机变量的分布函数

前面用分布律刻画了离散型随机变量的分布，用概率密度函数讨论了连续型随机变量的分布．为了从数学上对离散型随机变量与连续型随机变量进行统一的研究，下面引入分布函数的概念．

定义 5-17 设 x 是任何实数，对随机变量 X 取得的值不大于 x 的概率，即事件 $X \leqslant x$ 的概率，也就是 X 落在 x 左侧的概率，它是 x 的函数，记作

$$F(x) = P(X \leqslant x)$$

这个函数叫做随机变量 X 的概率分布函数或分布函数．

已知随机变量 X 的分布函数 $F(x)$，易知随机变量 X 落在半开区间 $(x_1, x_2]$ 内的概率为

$$P\{x_1 < X \leqslant x_2\} = F(x_2) - F(x_1)$$

现在研究分布函数的性质．

① 有界性：任何事件的概率都是介于 0 与 1 之间的数，所以随机变量的分布函数 $F(x)$ 的值总在 0 与 1 之间，即

$$0 \leqslant F(x) \leqslant 1$$

② 单调性：因为概率不能为负，所以

$$P\{x_1 < X \leqslant x_2\} = F(x_2) - F(x_1) \geqslant 0$$

即

$$F(x_1) \leqslant F(x_2), (x_1 < x_2)$$

故分布函数 $F(x)$ 是非减函数．

③ 如果随机变量 X 的一切可能值都位于区间 $[a,b]$ 内，则当 $x<a$ 时，事件 $X\leqslant x$ 是不可能事件，有

$$F(x) = 0, x < a$$

而当 $x \geqslant b$ 时，事件 $X \leqslant x$ 是必然事件，有

$$F(x) = 1, x \geqslant b$$

一般情况下，随机变量可以取得任何实数值时，有

$$F(-\infty) = \lim_{x \to -\infty} F(x) = 0$$
$$F(+\infty) = \lim_{x \to +\infty} F(x) = 1$$

(1) 离散型随机变量的分布函数

对于离散型随机变量，按概率加法定理有

$$F(x) = P(X \leqslant x) = \sum_{x_i \leqslant x} P(X = x_i) = \sum_{x_i \leqslant x} P(x_i)$$

这里和式是对不大于 x 的一切 x_i 求和，其分布函数可以写成分段函数形式

$$F(x) = \begin{cases} 0, & x < x_1 \\ p_1, & x_1 \leqslant x < x_2 \\ p_1 + p_2, & x_2 \leqslant x < x_3 \\ \vdots & \vdots \end{cases}$$

(2) 连续型随机变量的分布函数

对于连续型随机变量，其分布函数为

$$F(x) = P(X \leqslant x) = P(-\infty < X \leqslant x) = \int_{-\infty}^{x} f(t)\,\mathrm{d}t$$

即 $F(x)$ 是 $f(x)$ 在区间 $(-\infty, x]$ 上的积分值．

【例 5-23】 设 X 服从两点分布，即

$$P(x) = p^x q^{1-x}$$

其中 $x = 0,1, 0 < p < 1, p + q = 1$，其分布函数为

$$F(x) = \begin{cases} 0, & x < 0 \\ 1 - p, & 0 \leqslant x < 1 \\ 1, & x \geqslant 1 \end{cases}$$

其图形为阶梯形，如图 5-7 所示．

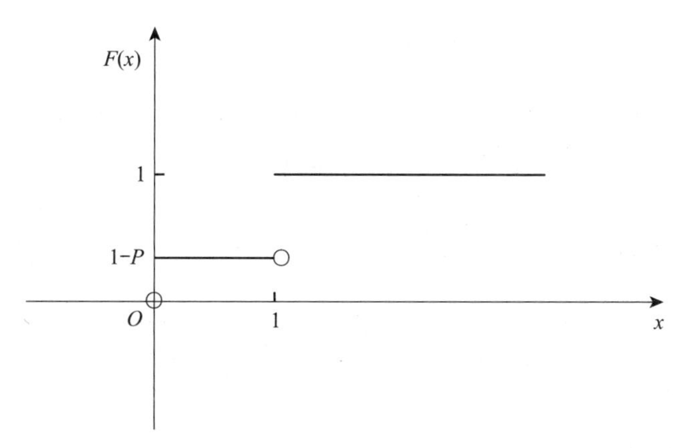

图 5-7

【例 5-24】 设 X 服从均匀分布，其概率密度函数为

$$f(x)=\begin{cases}\dfrac{1}{b-a}, & a\leqslant x\leqslant b\\ 0, & \text{其他}\end{cases}$$

其分布函数为

$$F(x)=\begin{cases}0, & x<a\\ \dfrac{x-a}{b-a}, & a\leqslant x<b\\ 1, & x\geqslant b\end{cases}$$

其图形是一条连续的曲线，如图 5-8 所示．

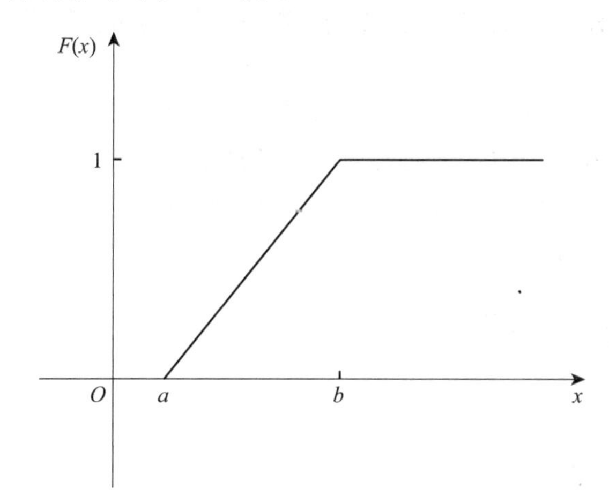

图 5-8

习题 5.4

1. 函数 $y=\sin x$ 在下列范围内取值

(1) $[0,\pi/2]$　　(2) $[0,\pi]$　　(3) $[0,3\pi/2]$

它是否可作为一个连续型随机变量的密度函数？

2. 试确定常数 a，使

$$p(x)=\begin{cases}x, & 0\leqslant x<1\\ a-x, & 1\leqslant x<2\\ 0, & \text{其他}\end{cases}$$

为某个随机变量 X 的概率密度，且计算事件 $(1.5\leqslant X<2)$ 的概率 .

3. 设随机变量 X 的概率密度

$$f(x)=\begin{cases}Kx, & 0\leqslant x\leqslant 2\\ 0, & \text{其他}\end{cases}$$

则常数 K 为多少？

4. 一批零件中有 9 个合格品与 3 个废品，安装机器时，从这批零件中任取 1 个，如果每次取出的废品不再放回去，求在取得合格品以前已取出的废品数的概率分布 .

5. 对某一目标进行射击，直至击中时为止 . 如果每次射击命中率为 p，求射击次数的概率分布 .

5.5　随机变量的数学期望和方差

上面讨论了随机变量的分布函数，我们看到分布函数能够完整地描述随机变量的统计特性 . 但在一些实际问题中，不需要去完全考察随机变量的变化情况，而只需要知道随机变量的某些特征，因而并不需要求出它的分布函数 . 本节只介绍随机变量的常用数字特征：数学期望、方差 .

5.5.1　随机变量的数学期望

1. 数学期望的定义

我们先给出离散型和连续型随机变量数学期望的定义 .

定义 5-18 离散型随机变量 X 的一切可能值 x_i 与对应的概率 $P(X=x_i)$ 的乘积的和叫做随机变量 X 的数学期望，记作 $E(X)$，即

$$E(X)=x_1p(x_1)+x_2p(x_2)+\cdots+x_np(x_n)=\sum_{i=1}^{n}x_ip(x_i)$$

注：离散型随机变量的数学期望是一个绝对收敛的级数的和，数学期望简称期望，又称均值．

定义 5-19 连续随机变量 X 的概率密度为 $f(x)$，则 X 的数学期望为

$$E(X)=\int_{-\infty}^{+\infty}xf(x)\mathrm{d}x$$

注：连续型随机变量的数学期望是一个绝对收敛的积分，即积分 $\int_{-\infty}^{+\infty}|x|f(x)\mathrm{d}x$ 是存在的，也就是绝对收敛的．

2. 数学期望的性质

① 常量的数学期望等于这个常量，即

$$E(C)=C$$

其中 C 是常量．

② 常量与随机变量的乘积的数学期望等于这个常量与随机变量的数学期望的乘积，即

$$E(CX)=CE(X)$$

③ 两个随机变量的和的数学期望等于它们的数学期望的和，即

$$E(X+Y)=E(X)+E(Y)$$

5.5.2 随机变量的方差

前面学习了随机变量的数学期望，它体现了随机变量取值的平均水平，是随机变量的一个重要的数字特征，但在一定场合，仅仅知道平均值是不够的．例如，X，Y 服从如下均匀分布：

$$f_X(x)=\begin{cases}\dfrac{1}{2}, & |x|\leqslant 1\\ 0, & |x|>1\end{cases}$$

$$f_Y(y)=\begin{cases}\dfrac{1}{200}, & |y|\leqslant 100\\ 0, & |y|>100\end{cases}$$

容易计算它们的数学期望为

$$E(X)=E(Y)=0$$

但是，它们的分布却有显著的不同，显然，X 的取值区间较小，而 Y 的取值区间较大，或者说，X 的可能值比较集中，而 Y 的可能值则比较分散．因此，为了显示随机变量的一切可能值在其数学期望周围的分散程度或者是偏离程度，下面引进随机变量分布的另一个重要的数字特征——方差．

1. 方差的定义

定义 5－20 设 X 为随机变量，如果 $E\{[X-E(X)]^2\}$ 存在，则称 $E\{[X-E(X)]^2\}$ 为 X 的方差，记为 $D(X)$，则

$$D(X)=E\{[X-E(X)]^2\}$$

并称 $\sigma(x)=\sqrt{D(X)}$ 为 X 的标准差或均方差．即 $D(X)=\sigma^2(x)$.

设离散型随机变量 X 的概率函数为 $P(x_i)$，则

$$D(X)=\sum_i [x_i-E(X)]^2P(x_i)$$

设连续型随机变量 X 的概率密度为 $f(x)$，则

$$D(X)=\int_{-\infty}^{+\infty}[x-E(X)]^2 f(x)\mathrm{d}x$$

由数学期望的性质得到求方差的一个**重要公式**

$$D(X)=E(X^2)-[E(X)]^2$$

证明 $D(X)=E(X^2)-[E(X)]^2=E\{X^2-2XE(X)+[E(X)]^2\}$
$=E(X^2)-2E(X)E(X)+[E(X)]^2=E(X^2)-[E(X)]^2$

2. 方差的性质

① 常量的方差等于零，即

$$D(C)=0$$

其中 C 是常量．

② 常量与随机变量的乘积的方差等于这个常量的平方与随机变量的方差的乘积，即

$$D(CX)=C^2D(X)$$

③两个独立随机变量的和的方差等于它们的方差的和，即

$$D(X+Y)=D(X)+D(Y)$$

现在将某些常用分布及它们的数学期望与方差整理如表5-3所示，以备查阅.

表5-3 常用分布及其数学期望与方差

分布名称	概率函数或概率密度	数学期望	方差
两点分布	$P(x)=p^xq^{1-x}$, $x=0,1$ $(0<p<1, p+q=1)$	p	pq
二项分布	$P(X=k)=C_n^kp^kq^{n-k}$, $k=0,1,\cdots,n$ $(0<p<1, p+q=1)$	np	npq
泊松分布	$P(x)=\frac{\lambda^x}{x!}e^{-\lambda}$, $x=0,1,2,\cdots$ $(\lambda>0)$	λ	λ
均匀分布	$f(x)=\begin{cases}\frac{1}{b-a}, & a\leqslant x\leqslant b\\ 0, & 其他\end{cases}$	$\frac{a+b}{2}$	$\frac{(b-a)^2}{12}$
指数分布	$f(x)=\begin{cases}\lambda e^{-\lambda x}, & x>0\\ 0, & x\leqslant 0\end{cases}$	$\frac{1}{\lambda}$	$\frac{1}{\lambda^2}$
正态分布	$p(x)=\frac{1}{\sqrt{2\pi}\sigma}e^{-\frac{(x-\mu)^2}{2\sigma^2}}$, $-\infty<x<+\infty$ (μ及σ为常数，$\sigma>0$)	μ	σ^2

习题5.5

1. 若 $E(X)=2$，则 $E(3X-1)=$ ________.

2. 若 $X\sim B(200,0.3)$，则 $\frac{D(X)}{E(X)}=$ ________.

3. 若 $D(X)=4$，且 $Y=2-3X$，则 Y 的标准差为________.

4. 若 X,Y 为任意两个随机变量，则以下式子恒成立的为（ ）.

A. $E(X+Y)=E(X)+E(Y)$　　B. $E(XY)=E(X)E(Y)$

C. $D(X+Y)=D(X)+D(Y)$　　D. $D(XY)=D(X)D(Y)$

5. 袋中有5个球，其中3个白球、2个黑球，今从中任意取2个球，则“取到的白球数”X 的数学期望是多少？

6. 设随机变量 X 的概率密度函数为

$$f(x)=\begin{cases}\frac{1}{4}(x+1), & 0<x<2\\ 0, & \text{其他}\end{cases}$$

今对 X 进行 8 次独立观测，以 Y 表示观测值大于 1 的观测次数，则 Y 的方差是多少?

总 习 题 五

一、填空题

1. 掷两枚均匀硬币，出现一正一反的概率为________.

2. 若 A、B 相互独立，且 $P(A)=P(B)=0.5$，则 $P(AB)=$________，$P(A+B)$ $=$________.

3. 设 $P(A)=\frac{1}{2}$，$P(B)=\frac{1}{3}$，$P(AB)=\frac{1}{4}$，则 $P(A\mid B)=$________，$P(B\mid A)=$ ________.

4. 设 $P(A)=p$，$P(B)=q$，若 A、B 相互独立，则 $P(A\overline{B})=$________.

5. 已知离散随机变量 X 的分布为

X	-1	1
P	$\frac{1}{3}$	$\frac{2}{3}$

则 $P(-1\leqslant X<1)=$________.

6. 设事件 A 与 B 互不相容，且 $P(B)>0$，则 $P(A\mid B)=$________.

7. 8 件产品中有 3 件次品，从中不放回抽取产品，每次 1 件，则第二次抽到次品的概率为________.

8. 若连续型随机变量 X 的概率密度为 $f(x)=\begin{cases}2e^{-2x}, & x>0\\ 0, & x\leqslant 0\end{cases}$，则 X 的数学期望 $E(X)=$________.

9. 某企业正常用水（1 天 24 小时用水不超过一定量）的概率为 $\frac{3}{4}$，则在 5 天内至少有 4 天用水正常的概率为________.

10. 有 6 群鸽子任意分群放养在甲、乙、丙 3 片不同的树林里，则甲树林恰有 3 群鸽子的概率为________.

二、选择题

1. 从 0，1，2，…，9 这十个数字中任取一个数字，取后放回，先后取 7 个数字，这 7 个数字全不相同的概率为（　　）.

A. $\frac{1}{C_{10}^{7}}$　　B. $\frac{C_{10}^{7}}{A_{10}^{7}}$　　C. $\frac{C_{10}^{7}}{10^{7}}$　　D. $\frac{A_{9}^{7}}{C_{10}^{7}}$

2. 有5人顺序抽5根签，其中有2根签是中彩的，第三人中彩的概率为（　　）.

A. $\frac{2}{5}$　　B. $\frac{3}{5}$　　C. $\frac{3}{10}$　　D. $\frac{1}{10}$

3. 若 $P(A)=\frac{1}{2}$，$P(B)=\frac{1}{3}$，$P(AB)=\frac{1}{6}$，则 A、B 之间的关系为（　　）.

A. 互斥　　B. 互逆　　C. 相互独立　　D. 两个任意事件

4. 设 X 服从均匀分布，其概率密度为 $f(x)=\begin{cases}\lambda, & 3\leqslant x\leqslant 5\\ 0, & \text{其他}\end{cases}$，则 $\lambda=$（　　）.

A. $-\frac{1}{2}$　　B. 1　　C. 2　　D. $\frac{1}{2}$

5. 若连续型随机变量 X 的概率密度为 $f(x)=\frac{1}{2\sqrt{2\pi}}e^{-\frac{(x-1)^2}{8}}(-\infty<x<+\infty)$，则 $D(X)=$（　　）.

A. 1　　B. 4　　C. 2　　D. 8

6. 已知 $P(A)=0.6$，$P(B)=0.3$，$P(B|A)=0.2$，则 $P(\overline{A}\mid B)=$（　　）.

A. 0.6　　B. 0.7　　C. 0.8　　D. 0.9

7. 设 $E(X)=\mu$，$D(X)=\sigma^2$，则 $E(3X+2)$ 和 $D(3X+2)$ 分别为（　　）.

A. $3\mu+2,9\sigma^2$　　B. $3\mu+2,3\sigma^2$　　C. $9\mu+2,9\sigma^2$　　D. $3\mu,9\sigma^2$

8. 若连续型随机变量 X 的概率密度为 $f(x)=\begin{cases}2-2x, & 0\leqslant x\leqslant 1\\ 0, & \text{其他}\end{cases}$，则 $E(X)=$（　　）.

A. $\frac{1}{3}$　　B. $\frac{2}{3}$　　C. $\frac{1}{2}$　　D. 1

三、应用题

1. 已知某家三胞胎小孩中有女孩，求至少有一个男孩的概率（假定每个小孩是男是女是等可能的）.

2. 某工厂有四条流水线生产同一种产品，该四条流水线的产量分别占总产量的15%，20%，30%，35%，又这四条流水线的次品率依次为0.05，0.04，0.03，0.02，现从出厂产品任取一件，问恰好取到次品的概率为多少？

3. 假定每个人的血清中含有肝炎病毒的概率为0.004，混合100个人的血清，求此混合血清含肝炎病毒的概率.

4. 一人驾车从城中甲地到乙地，途中经过若干交通路口，设他在每个路口遇“红灯”的概率均为0.4，试求：

(1) 此人过5个路口仅遇到一次“红灯”的概率；

（2）此人第5次过路口才遇到“红灯”的概率；

（3）此人第5过路口已是第3次遇到“红灯”的概率．

5. 某电子设备制造厂所用的晶体管是由三家元件厂提供的．根据以往的记录有以下的数据，如表5－4所示。

表5－4

元件制造厂	次品率	提供晶体管的份额
1	0.02	0.15
2	0.01	0.80
3	0.03	0.05

设这三家工厂的产品在仓库中是均匀混合的，且无区别的标志．在仓库中随机地取一只晶体管，求它是次品的概率。

6. 按规定，火车站每天8：00—9：00，9：00—10：00都恰有一辆客车到站，但到站的时刻是随机的，且两者到站的时间相互独立，其规律如表5－5所示．

表5－5

到站时间	8：10 9：10	8：30 9：30	8：50 9：50
概　率	1/6	3/6	2/6

（1）旅客8：00到站，求他候车时间的数学期望；

（2）旅客8：20到站，求他候车时间的数学期望．

阅读材料一：现代概率论的应用

概率论的发展史说明了理论与实际之间的密切关系。许多研究方向的提出，归根到底是有其实际背景的。反过来，当这些方向被深入研究后，又可指导实践，进一步扩大和深化应用范围。概率论作为数理统计学的理论基础是尽人皆知的，下面简略介绍概率论本身在各方面的应用情况。

在物理学方面，高能电子或核子穿过吸收体时，产生级联（或倍增）现象，在研究电子一光子级联过程的起伏问题时，要用到随机过程，常以泊松过程、弗瑞过程或波伊亚过程作为实际级联的近似，有时还要用到更新过程（见点过程）的概念。当核子穿到吸收体的某一深度时，则可用扩散方程来计算核子的概率分布。物理学中的放射性衰变、粒子计数器、原子核照相乳胶中的径迹理论和原子核反应堆中的问题等的研究，都要用到泊松过程和更新理论；湍流理论及天文学中的星云密度起伏、辐射传递等研究要用到随机场的理论；探讨太阳黑子的规律及其预测时，时间序列方法非常有用。

化学反应动力学中，研究化学反应的时变率及影响这些时变率的因素问题，自动催化反应、单分子反应、双分子反应及一些连锁反应的动力学模型等，都要以生灭过程（见马尔可夫过程）来描述。

随机过程理论所提供的方法对于生物数学具有很大的重要性，许多研究工作者以此来构造生物现象的模型。研究群体的增长问题时，提出了生灭型随机模型、两性增长模型、群体间竞争与生克模型、群体迁移模型、增长过程的扩散模型等。有些生物现象还可以利用时间序列模型来进行预报。传染病流行问题要用到具有有限个状态的多变量非线性生灭过程。在遗传问题中，着重研究群体经过多少代遗传后，进入某一固定类和首次进入此固定类的时间，以及最大基因频率的分布等。

许多服务系统，如电话通信、船舶装卸、机器损修、病人候诊、红绿灯交换、存货控制、水库调度、购货排队等，都可用一类概率模型来描述。这类概率模型涉及的过程叫排队过程，它是点过程的特例。排队过程一般不是马尔可夫型的。当把顾客到达和服务所需时间的统计规律研究清楚后，就可以合理安排服务点。

在通信、雷达探测、地震探测等领域中，都有传递信号与接收信号的问题。传递信号时会受到噪声的干扰，为了准确地传递和接收信号，就要把干扰的性质分析清楚，然后采取办法消除干扰。这是信息论的主要目的。噪声本身是随机的，所以概率论是信息论研究中必不可少的工具。信息论中的滤波问题就是研究在接收信号时如何最大限度地消除噪声的干扰，而编码问题则是研究采取什么样的手段发射信号能最大限度地抵抗干扰。在空间科学和工业生产的自动化技术中需要用到信息论和控制理论，而研究带随机干扰的控制问题，也要用到概率论方法。

概率论进入其他科学领域的趋势还在不断发展。值得指出的是，在纯数学领域内用概率论方法研究数论问题已经有很好的结果。在社会科学领域，特别是经济学中研究最优决策和经济的稳定增长等问题，也大量采用概率论方法。正如拉普拉斯所说："生活中最重要的问题，其中绝大多数在实质上只是概率的问题。"

阅读材料二：人物传记

贝努利家族

在科学史上，父子科学家、兄弟科学家并不鲜见，然而在一个家族跨世纪的几代人中，众多父子兄弟都是科学家的较为罕见，其中瑞士的贝努利家族最为突出。

贝努利家族三代人中产生了8位科学家，出类拔萃的至少有3位；而在他们一代又一代的众多子孙中，至少有一半相继成为杰出人物。贝努利家族的后裔有不少于120位被人们系统地追溯过，他们在数学、科学、技术、工程乃至法律、管理、文学、艺术等方面享有名望，有的甚至声名显赫。最不可思议的是这个家族中有两代人，他们中的大多数数学家，并非有意选择数学为职业，然而却忘情地沉溺于数学之中，有人调侃他们就像酒鬼碰到了烈酒。

老尼古拉·贝努利（Nicolaus Bernoulli，公元1623—1708年）生于巴塞尔，受过良好教育，曾在当地政府和司法部门任高级职务。他有3个有成就的儿子，其中长子雅各布（Jocob，公元1654—1705年）和第三个儿子约翰（Johann，公元1667—1748年）成为著名的数学家，第二个儿子小尼古拉（Nicolaus I，公元1662—1716年）在成为彼得堡科学院数学界的一员之前，是伯尔尼的第一个法律学教授。

雅各布·贝努利

1654年12月27日，雅各布·贝努利生于巴塞尔，毕业于巴塞尔大学，1671年17岁时获艺术硕士学位。这里的艺术指“自由艺术”，包括算术、几何学、天文学、数理音乐和文法、修辞、雄辩术共7大门类。遵照父亲的愿望，他于1676年22岁时又取得了神学硕士学位。然而，他也违背父亲的意愿，自学了数学和天文学。1676年，他到日内瓦做家庭教师。从1677年起，他开始在那里写内容丰富的《沉思录》。

1678年和1681年，雅各布·贝努利两次外出旅行学习，到过法国、荷兰、英国和德国，接触和交往了许德、玻意耳、胡克、惠更斯等科学家，写有关于彗星理论（1682年）、重力理论（1683年）方面的科技文章。1687年，雅各布在《教师学报》上发表数学论文《用两相互垂直的直线将三角形的面积四等分的方法》，同年成为巴塞尔大学的数学教授，直至1705年8月16日逝世。

1699年，雅各布当选为巴黎科学院外籍院士，1701年被柏林科学协会（后为柏林科学院）接纳为会员。

许多数学成果与雅各布的名字相联系，如悬链线问题（1690年）、曲率半径公式（1694年）、贝努利双纽线（1694年）；贝努利微分方程（1695年）；等周问题（1700年）等。

雅各布对数学最重大的贡献是在概率论研究方面。他从1685年起发表关于赌博游戏中输赢次数问题的论文，后来写成巨著《猜度术》，这本书在他死后8年，即1713年才得以出版。

最为人们津津乐道的轶事之一，是雅各布醉心于研究对数螺线，这项研究从1691年就开始了。他发现，对数螺线经过各种变换后仍然是对数螺线，如它的渐屈线和渐伸线是对数螺线、自极点至切线的垂足的轨迹、以极点为发光点经对数螺线反射后得到的反射线，以及与所有这些反射线相切的曲线（回光线）都是对数螺线。他惊叹这种曲线的神奇，竟在遗嘱里要求后人将对数螺线刻在自己的墓碑上，并附以颂词“纵然变化，依然故我”，用以象征死后永生不朽。

约翰·贝努利

雅各布·贝努利的弟弟约翰·贝努利比哥哥小13岁，1667年8月6日生于巴塞尔，1748年1月1日卒于巴塞尔，享年81岁。

约翰于1685年18岁时获巴塞尔大学艺术硕士学位，这点同他的哥哥雅各布一样。他们的父亲老尼古拉要大儿子雅各布学法律，要小儿子约翰从事家庭管理事务。但约翰在雅各布的带领下进行反抗，去学习医学和古典文学。约翰于1690年获医学硕士学位，1694年又获得博士学位。但他发现他骨子里的兴趣是数学，他一直向雅各布学习数学，并颇有造诣。1695年，28岁的约翰取得了他的第一个学术职位——荷兰格罗宁根大学数学教授。10年后的1705年，约翰接替去世的雅各布任巴塞尔大学数学教授。同他的哥哥一样，他也当选为巴黎科学院外籍院士和柏林科学协会会员。1712年、1724年和1725年，他还分别当选为英国皇家学会、意大利波伦亚科学院和彼得堡科学院的外籍院士。

约翰的数学成果比雅各布还要多。例如解决悬链线问题（1691年），提出洛比达法则（1694年）、最速降线（1696年）和测地线问题（1697年），给出求积分的变量替换法（1699年），研究弦振动问题（1727年），出版《积分学教程》（1742年）等。

约翰与他同时代的110位学者有通信联系，进行学术讨论的信件约有2500封，其中许多已成为珍贵的科学史文献。例如，同他的哥哥雅各布及莱布尼茨、惠更斯等人关于悬链线、最速降线（即旋轮线）和等周问题的通信讨论，虽然相互争论不断，特别是约翰和雅各布互相指责过于尖刻，使兄弟之间时常造成不快，但争论无疑会促进科学的发展，最速降线问题导致了变分法的诞生。

约翰的另一大功绩是培养了一大批出色的数学家，其中包括18世纪最著名的数学家欧拉、瑞士数学家克莱姆、法国数学家洛比达，以及他自己的儿子丹尼尔和侄子尼古拉二世等。

习题参考答案

习题 1.1

1. (1) 否　(2) 否　(3) 否　(4) 是

2. (1) $(-\infty,1)\cup(1,+\infty)$　(2) $(-\infty,-2)\cup(2,+\infty)$

   (3) $[-1,1)$　(4) $\left[-\frac{1}{3},1\right]$

3. $x\in(k\pi,k\pi+\frac{\pi}{4}),k\in\mathbf{Z}$

4. (1) 偶函数　(2) 奇函数　(3) 非奇非偶函数　(4) 非奇非偶函数

5. 不是．例如：$y=\ln u$ 与 $u=-|x|$ 两个函数就不可以复合成一个复合函数．

6. (1) $1-\frac{1}{x}(x\neq 1,0)$　(2) $x(x\neq 0,1)$

7. $S=\pi r^2+\frac{2V}{r}$

8. $y=\begin{cases}0.8, & x\leqslant 800\\ 1, & x>800\end{cases}$

习题 1.2

1. (1) 收敛，0　(2) 收敛，2　(3) 发散　(4) 收敛于$+\infty$（实为发散）

2. $f(x)$ 的图像如下．

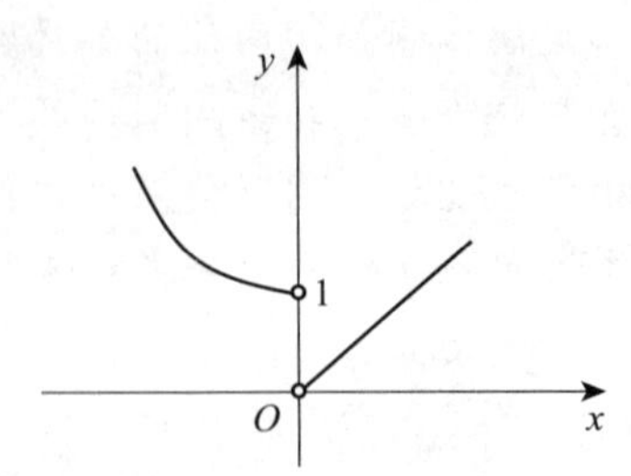

(1) 1　(2) 0　(3) 不存在

3. (1) 24　(2) 0　(3) ∞　(4) $\frac{3}{5}$　(5) $\frac{1}{3}$

(6) 0　(7) ∞　(8) $-\frac{1}{2}$

4. (1) $\frac{5}{3}$　(2) 2　(3) 1　(4) 2　(5) 0

(6) 0　(7) 3　(8) $\frac{1}{20}$　(9) 1　(10) $\frac{1}{2}$

5. (1) e^8　(2) e^{-1}　(3) $e^{-\frac{2}{3}}$　(4) e^{-2}　(5) e^5　(6) e

6. $f(x)$ 当 $x\to 1$ 时是无穷大量，当 $x\to -1$ 时是无穷小量.

7. 当 $x\to 0$ 时，$\sin x^2$ 是比 $\tan x$ 高阶的无穷小.

习题 1.3

1. (1) $x=-1$　(2) $x=0$　(3) $x=0$　(4) $x=0$

2. $a=1$

3. 略.

4. (1) 0　(2) -1　(3) 17　(4) 3　(5) $\frac{1}{e}$　(6) $\frac{\pi}{4}$

总 习 题 一

一、填空题

1. 2，x^2+2x+3，$\frac{1}{x^2}+2$

2. 2^{2x}

3. $\left(\frac{3}{4},\ +\infty\right)$

4. $y=u^2$，$u=\sin v$，$v=x^2$.

5. 0

6. 1

二、选择题

1. A　2. A　3. B　4. C　5. D　6. C　7. C

三、计算题

1. (1) -1　(2) 2　(3) $\frac{1}{4}$　(4) $\frac{3}{2}$　(5) e^{-3}

（6）0　（7）e　（8）1　（9）100　（10）$\frac{1}{2}$

2. （1）$x=-3$　（2）$x=0$　（3）$x=1$，$x=2$

3. $x=1$ 处不连续，$x=\frac{1}{2}$，$x=2$ 处连续

4. 连续区间为 $(-\infty,+\infty)$

5. $k=2$

四、应用题

1. $48x-400-5\sqrt{x(x-4)}$

2. 1000 000

习题 2.1

1. （1）B　（2）D　（3）A　（4）A

2. （1）$2f'(x_0)$　（2）12

3. 连续不可导

习题 2.2

1. ± 1

2. （1）$y'=8x+3$　（2）$y'=4e^x$　（3）$y'=1+\frac{1}{x}$　（4）$y'=\cos x+1$

（5）$y'=-2\sin x+3$　（6）$y'=2^x\ln 2+3^x\ln 3$　（7）$y'=\frac{1}{x\ln 2}+2x$

3. （1）$\sqrt{2}$　（2）4

4. （1）$y'=26x+14$　（2）$y'=e^x\cot e^x$　（3）$y'=80x(2x^2+1)^{19}$

（4）$y'=\frac{2}{1+4x^2}$　（5）$y'=-8\sin 8x$　（6）$y'=e^x\sin 2x+2e^x\cos 2x$

5. $y=x-e$

习题 2.3

1. （1）$y^{(4)}=21+e^x$　（2）2

2. $\frac{dy}{dx}=f'(u)\cdot 2x\cdot\cos x^2$

$\frac{d^2y}{dx^2}=f''(u)\cdot 4x^2(\cos x^2)^2+f'(u)(2\cos x^2-4x^2\sin x^2)$

3. $y^{(n)} = (x^{\mu})^{(n)} = \mu(\mu-1)\cdots(\mu-n+1)x^{\mu-n}$

当 $\mu = n$ 时，得到 $(x^n)^n = n!$， 而 $(x^n)^{n+1} = 0$.

习题 2.4

1. 略 .

2. (1) $\frac{1}{6}$　(2) 1　(3) 1　(4) 1　(5) $\frac{1}{2}$　(6) e^{-1}

3. (1) 在 $[0,1)$ 内单调递减，在 $(-1,0]$ 内单调递增

(2) 在 $[1,+\infty)$ 内单调递减，在 $(-\infty,1]$ 内单调递增

(3) 在 $(-1,0]$ 内单调递减，在 $[0,+\infty)$ 内单调递增

(4) 在 $(-\infty,+\infty)$ 内单调递增

4. (1) 凹区间为 $(-\infty,0)$ 及 $\left(\frac{2}{3},+\infty\right)$；凸区间为 $\left(0,\frac{2}{3}\right)$；拐点 $(0,1)$,$\left(\frac{2}{3},\frac{11}{27}\right)$

(2) 凹区间为 $(-1,1)$；凸区间为 $(-\infty,-1)$ 及 $(1,+\infty)$；拐点 $(1,\ln 2)$,$(-1,\ln 2)$

5. (1) 最大值 $y(4) = 80$，最小值 $y(-1) = -5$

(2) 最大值 $y(3) = 11$，最小值 $y(2) = -14$

习题 2.5

1. (1) $dy = (2x + \cos x)dx$　(2) $dy = \sec^2 x dx$

(3) $dy = e^x(1+x)dx$　(4) $dy = 300(3x-1)^{99}dx$

2. $\frac{1}{300}$

3. 4.020 8

总 习 题 二

一、填空题

1. $f'(0)$

2. $y + x = 0$

3. $2^{\sin x}\cos x\ln 2dx$

4. $\frac{4!}{(1+x)^5}$

5. 401

二、选择题

1. C 2. D 3. B 4. A 5. D 6. D 7. B 8. D 9. D 10. B

三、计算题

1. $\dfrac{2}{4+x^2}$

2. $-e^{-x}(\cos 3x+3\sin 3x)\mathrm{d}x$

3. $-2[\cos(1-x^2)+2x^2\sin(1-x^2)]$

4. 3

5. 在 $(0,1)$ 内单调递减，在 $(1,+\infty)$ 内单调递增，极小值为 $y_{极小值}=f(1)=1$.

四、应用题

1. 当蓄水池的底面边长和深度分别为 10 m 和 15 m 时，总造价最省．

2. $x=250$ 吨时，获利最大．

习题 3.1

1. 略

2. $y=\dfrac{5}{2}x^2-\dfrac{37}{2}$

3. (1) $\dfrac{1}{5}x^5+C$ (2) $\dfrac{2}{5}x^{\frac{5}{2}}+C$

(3) $\ln|x|+\dfrac{4^x}{\ln 4}+C$ (4) $\tan x-x+C$

(5) $\dfrac{1}{2}(x-\sin x)+C$ (6) $\dfrac{3^x e^x}{1+\ln 3}+C$

(7) $\dfrac{10^{2x}}{2\ln 10}-\dfrac{2\cdot 10^x}{\ln 10}+x+C$ (8) $-\dfrac{1}{x}-\arctan x+C$

习题 3.2

1. (1) $\ln(1+e^x)+C$ (2) $\dfrac{1}{a}\arctan\dfrac{x}{a}+C$

(3) $\arctan(x+1)+C$ (4) $\dfrac{1}{2}e^{2x}+C$

(5) $-\cos x^2+C$ (6) $\dfrac{2}{9}(3x)^{\frac{3}{2}}+C$

(7) $\dfrac{2}{9}(2+3x)^{\frac{3}{2}}+C$ (8) $\dfrac{1}{2}\ln|2x-1|+C$

(9) $-\frac{1}{3}(1-x)^3+C$ (10) $\ln|\sin x|+C$

(11) $\ln|\ln x|+C$ (12) $\frac{1}{3}\sin(3x+1)+C$

(13) $\arcsin\frac{x}{a}+C$ (14) $-\frac{1}{3^x\ln 3}+C$

2. (1) $\frac{2}{3}e^{3\sqrt{x}}+C$ (2) $-\frac{2}{3}(1-x)^{\frac{3}{2}}+\frac{2}{5}(1-x)^{\frac{5}{2}}+C$

(3) $\sqrt{2x}-\ln(1+\sqrt{2x})+C$ (4) $\frac{1}{2}\arcsin x+\frac{1}{2}x\sqrt{1-x^2}+C$

习题 3.3

(1) $\frac{a^x}{\ln a}\left(x-\frac{1}{\ln a}\right)+C$

(2) $-xe^{-x}-e^{-x}+C$

(3) $-\frac{1}{2}\left(x\cos 2x-\frac{1}{2}\sin 2x\right)+C$

(4) $-\frac{1}{2}\left(x^2\cos 2x-x\sin 2x-\frac{1}{2}\cos 2x\right)+C$

(5) $\frac{x^2}{4}-\frac{1}{8}x\sin 4x-\frac{1}{32}\cos 4x+C$

(6) $x\arcsin x+\sqrt{1-x^2}+C$

(7) $\frac{1}{2}(x^2+1)\arctan x-\frac{x}{2}+C$

(8) $\frac{1}{3}x^3\ln(1+x)-\frac{1}{3}\left(\frac{x^3}{3}-\frac{x^2}{2}+x-\ln|1+x|\right)+C$

习题 3.4

1. (1) 0 (2) $\frac{\pi R^2}{2}$

2. $\frac{\pi}{4}$

3. (1) $\int_0^1 x^2\,dx\geqslant\int_0^1 x^3\,dx$ (2) $\int_1^2 x^3\,dx\geqslant\int_1^2 x^2\,dx$ (3) $\int_1^2 \ln x\,dx\geqslant\int_1^2 \ln^2 x\,dx$

习题 3.5

1. $\dfrac{\sqrt{2}}{2}$

2. (1) $\dfrac{1}{101}$　(2) $\dfrac{14}{3}$　(3) $\mathrm{e}-1$　(4) $\dfrac{99}{\ln 100}$　(5) 1　(6) $4-2\sqrt{2}$

(7) $7+2\ln 2$　(8) $1-\dfrac{\pi}{4}$　(9) $\dfrac{1}{12}(\pi+2\ln 2-2)$　(10) $\dfrac{2}{9}\mathrm{e}^3+\dfrac{1}{2}\mathrm{e}^2+\dfrac{9}{29}$

3. $\dfrac{7}{2}-2\mathrm{e}^{-1}$

习题 3.6

1. $\dfrac{1}{3}$

2. $\dfrac{9}{2}$

3. $\dfrac{14}{3}$

4. $\dfrac{\pi h r^2}{3}$

总 习 题 三

一、填空题

1. $\sin x+C$

2. $-\sin\dfrac{x}{2}$

3. $x-\ln|x|+C$

4. $F\left(\dfrac{x-b}{a}\right)+C$

5. $\mathrm{e}-1$

6. $\int_a^b[f(x)-g(x)]\mathrm{d}x$

7. $V_x=\int_0^8\pi\left(\sqrt[3]{x}\right)^2\mathrm{d}x$

8. 45 000

9. 3

10. $\int_a^b |f(x)|\,\mathrm{d}x$

二、选择题

1. A 2. A 3. C 4. C 5. B 6. A 7. C 8. C 9. D 10. D

三、计算题

1. $\ln|x|+x-\frac{1}{2}x^2+C$

2. $x-\arctan x+C$

3. $-\mathrm{e}^{-x}+C$

4. $-\frac{1}{6}(7-2x^2)^{\frac{3}{2}}+C$

5. $\frac{2}{3}(\arctan x)^{\frac{3}{2}}+C$

6. $\frac{1}{2}$

7. $\frac{3}{8}$

8. 2

9. $\frac{1}{\sqrt{\mathrm{e}}}-\frac{1}{\mathrm{e}}$

10. $-\frac{1}{2}$

四、应用题

1. $\frac{9}{2}$

2. $C(q)=250\mathrm{e}^{0.5q}-100$

3. $V_x=\int_0^2 \pi x^6\,\mathrm{d}x=\frac{128}{7}\pi$

4. 680.8

习题 4.1

1. (1) $\begin{bmatrix} -11 & 2 & 1 \\ 12 & 7 & 6 \\ 6 & 1 & 8 \end{bmatrix}$ (2) $\begin{bmatrix} -5 & 0 & 0 \\ 6 & 2 & 6 \\ 2 & 2 & 3 \end{bmatrix}$

2. $\begin{bmatrix} 0 & \frac{1}{2} & 0 \\ -\frac{3}{2} & -4 & -\frac{1}{2} \end{bmatrix}$

3. $3\boldsymbol{AB}-2\boldsymbol{A}=\begin{bmatrix} -2 & 13 & 22 \\ -2 & -17 & 20 \\ 4 & 29 & -2 \end{bmatrix}$； $\boldsymbol{A}'\boldsymbol{B}=\begin{bmatrix} 0 & 5 & 8 \\ 0 & -5 & 6 \\ 2 & 9 & 0 \end{bmatrix}$

4. (1) $\begin{bmatrix} 35 \\ 6 \\ 49 \end{bmatrix}$ (2) 10 (3) $\begin{bmatrix} -2 & 4 \\ -1 & 2 \\ -3 & 6 \end{bmatrix}$ (4) $\begin{bmatrix} 6 & -7 & 8 \\ 20 & -5 & -6 \end{bmatrix}$

(5) $a_{11}x_1^2+a_{22}x_2^2+a_{33}x_3^2+2a_{12}x_1x_2+2a_{13}x_1x_3+2a_{23}x_2x_3$

(6) $\begin{bmatrix} 1 & 2 & 5 & 2 \\ 0 & 1 & 2 & -4 \\ 0 & 0 & -4 & 3 \\ 0 & 0 & 0 & -9 \end{bmatrix}$

5. $\begin{bmatrix} 0 & 14 & -3 \\ 17 & 13 & 10 \end{bmatrix}$

6. $x=2, y=3, z=2$

习题 4.2

1. (1) 11 (2) a^2 (3) 1 (4) 45 (5) −18 (6) 0
2. (1) $ab(b-a)$ (2) $4abc$ (3) 48 (4) 160
3. (1) $x_1=16$，$x_2=7$ (2) $x_1=1$，$x_2=2$，$x_3=3$
4. (1) $D=-30\neq 0$，仅有零解 (2) $D=0$，有非零解
5. $\lambda=-1$ 或 4

习题 4.3

1. $x=k_1\begin{bmatrix} -\frac{5}{14} \\ \frac{3}{14} \\ 1 \\ 0 \end{bmatrix}+k_2\begin{bmatrix} \frac{1}{2} \\ -\frac{1}{2} \\ 0 \\ 1 \end{bmatrix}$. 其中 k_1，k_2 任取

2. $x=\begin{bmatrix}3\\0\\1\\0\end{bmatrix}+k_1\begin{bmatrix}-2\\1\\0\\0\end{bmatrix}+k_2\begin{bmatrix}1\\0\\0\\1\end{bmatrix}$. 其中 k_1，k_2 任取

3. $x=\begin{bmatrix}-\frac{31}{6}\\\frac{2}{3}\\-\frac{7}{6}\\0\end{bmatrix}+k\begin{bmatrix}\frac{1}{2}\\0\\-\frac{1}{2}\\1\end{bmatrix}$. 其中 k 任取

4. $x=\begin{bmatrix}3\\0\\1\\0\end{bmatrix}+k_1\begin{bmatrix}-2\\1\\0\\0\end{bmatrix}+k_2\begin{bmatrix}1\\0\\0\\1\end{bmatrix}$. 其中 k_1，k_2 任取

5. $x=\begin{bmatrix}\frac{5}{4}\\-\frac{1}{4}\\0\\0\end{bmatrix}+k_1\begin{bmatrix}-\frac{3}{2}\\\frac{3}{2}\\1\\0\end{bmatrix}+k_2\begin{bmatrix}-\frac{3}{4}\\\frac{7}{4}\\0\\1\end{bmatrix}$. 其中 k_1，k_2 任取

6. $x=\begin{bmatrix}6\\-4\\0\\0\\0\end{bmatrix}+k_1\begin{bmatrix}-2\\1\\1\\0\\0\end{bmatrix}+k_2\begin{bmatrix}-2\\1\\0\\1\\0\end{bmatrix}+k_3\begin{bmatrix}-6\\5\\0\\0\\1\end{bmatrix}$. 其中 k_1，k_2，k_3 任取

总习题四

一、填空题

1. $\frac{3}{7}$，$-\frac{2}{7}$

2. 0，3

3. $\begin{bmatrix}-2&3&-1\\4&-6&2\end{bmatrix}$

4. $\begin{bmatrix} 0 & -16 \\ 0 & -5 \end{bmatrix}$

5. 零

6. 2

7. -8

8. 1

二、选择题

1. B　2. A　3. D　4. B　5. A

三、计算题

1. 0

2. 0

3. $\begin{bmatrix} 2 & 3 & 4 & 5 \\ 3 & 4 & 5 & 6 \\ 4 & 5 & 6 & 7 \end{bmatrix}$

4. $\begin{bmatrix} 4 & 3 \\ 1 & 2 \end{bmatrix}$

5. $\begin{cases} x_1 = 9.5 \\ x_2 = -1.5 \\ x_3 = 0.5 \end{cases}$

6. 零解

四、应用题

1. (1) 在矩阵 S 中的“10”表示周订单中需要古式的椅子 10 把.

(2) $\boldsymbol{S}$，$\boldsymbol{T}$ 均是 4×3 阶矩阵.

(3) $\begin{bmatrix} 10 & 10 & 14 \\ 30 & 13 & 14 \\ 15 & 38 & 15 \\ 18 & 16 & 22 \end{bmatrix}$，它表示按订货量售出后，本周末仓库中现存的货量.

(4) $\boldsymbol{T}-\frac{2}{3}\boldsymbol{S}$.

2. 需要 A 药水 0.8 升，B 药水 1.2 升.

习题 5.1

(1) $A\bar{B}\bar{C}$　　　　(2) ABC

(3) $\bar{A}\,\bar{B}\,\bar{C}$　　(4) $\overline{ABC}$

(5) $\bar{A}(B \cup C)$　　(6) $A \cup B \cup C$

(7) $A\bar{B}\,\bar{C}+\bar{A}\,B\bar{C}+\bar{A}\,\bar{B}\,C$　(8) $AB \cup AC \cup BC$

(9) $\overline{AB \cup AC \cup BC}$ 或 $\bar{A}\,\bar{B} \cup \bar{A}\,\bar{C} \cup \bar{B}\,\bar{C}$

习题 5.2

1. A
2. B
3. $P(AB) \leqslant P(A) \leqslant P(A \cup B) \leqslant P(A)+P(B)$

当 $A \subset B$ 时，$P(AB)=P(A)$

当 $B \subset A$ 时，$P(A)=P(A \cup B)$

当 $AB=\varnothing$ 时，$P(A \cup B)=P(A)+P(B)$

4. 0.6
5. $\dfrac{5}{8}$

习题 5.3

1. 0.82
2. $\dfrac{1}{10}$
3. 0.8
4. 0.328
5. 0.973
6. $\dfrac{1}{n}(1 \leqslant k \leqslant n)$
7. 0.64

习题 5.4

1. (1) 可以　(2) 不可以　(3) 不可以
2. $a=2$；0.125
3. $\dfrac{1}{2}$.

4.

X	0	1	2	3
$P(x_i)$	$\frac{3}{4}$	$\frac{9}{44}$	$\frac{9}{220}$	$\frac{1}{220}$

5.

X	1	2	3	…	n	…
$P(x_i)$	p	pq	pq^2	…	pq^{n-1}	…

习题 5.5

1. 5
2. 0.7
3. 6
4. A
5. 1.2
6. $\frac{15}{8}$

总 习 题 五

一、填空题

1. 0.5
2. 0.25，0.75
3. 0.75，0.5
4. $p(1-q)$
5. $\frac{1}{3}$
6. 0
7. 0.375
8. 0.5
9. $\frac{81}{128}$
10. $\frac{160}{729}$

二、选择题

1. C　2. A　3. C　4. D　5. B　6. A　7. A　8. A

三、应用题

1. $\frac{6}{7}$

2. 0.031 5

3. 0.33

4. (1) 0.259　(2) 0.052　(3) 0.138

5. 0.012 5

6. (1) 33.33　(2) 27.22

参考文献

[1] 恩格斯．自然辩证法．北京：人民出版社，1964.

[2] 王永建．数学的起源和发展．南京：江苏人民出版社，1981.

[3] 吴文俊．世界著名数学家传记．北京：科学出版社，1995.

[4] 姚孟臣．大学文科高等数学．北京：高等教育出版社，2007.

[5] 陈光曙．大学文科数学．上海：同济大学出版社，2009.

[6] 华中科技大学数学系．微积分学．北京：高等教育出版社，2008.

[7] 燕列雅．大学数学．西安：西安交通大学出版社，2007.

[8] 周明儒．文科高等数学基础教程．北京：高等教育出版社，2009.

[9] 张国楚．大学文科数学．北京：高等教育出版社，2007.

[10] 北京大学数学系几何与代数教研室代数小组．高等代数．北京：高等教育出版社，1988.

[11] 同济大学数学教研室．高等数学．北京：高等教育出版社，1981.

[12] 李文林．数学史概论．北京：高等教育出版社，2002.

[13] 袁晓明．文科高等数学．北京：科学出版社，1999.

[14] 王庚．数学文化与数学教育．北京：科学出版社，2004.

[15] 张顺燕．数学的思想、方法和应用．北京：北京大学出版社，2004.

[16] 华中科技大学数学系．大学数学：文科．武汉：华中科技大学出版社，2003.

[17] 王云峰．文科数学．西安：西北大学出版社，2003.

[18] 王纪林．概率论与数理统计．北京：科学出版社，2002.

[19] 浙江大学．概率论与数理统计．北京：高等教育出版社，2001.

[20] 孙荣恒．趣味随机问题．北京：科学出版社，2004.

[21] 张荫南．高等数学．北京：高等教育出版社，2000.

[22] 华东师范大学数学系．数学分析．北京：高等教育出版社，1980.

[23] 程美玉，赵宝江．高等数学．哈尔滨：哈尔滨出版社，2003.

[24] 刘家春，廖飞．线性代数．哈尔滨：哈尔滨工业大学出版社，2008.

[25] 乔树文．应用经济数学．北京：北京交通大学出版社，2009.